KB170326

아이가 좋아하는 엄마표 요리 100

아이가 좋아하는
엄마표 요리
—100—

초판 1쇄 발행 2020년 11월 18일
초판 3쇄 발행 2020년 12월 24일

지은이 이동미

발행인 장상진
발행처 (主)경향비피
등록번호 제2012-000228호
등록일자 2012년 7월 2일

주소 서울시 영등포구 양평동 2가 37-1번지 동아프라임밸리 507-508호
전화 1644-5613 | **팩스** 02) 304-5613

ISBN 978-89-6952-439-3 13590

· 값은 표지에 있습니다.
· 파본은 구입하신 서점에서 바꿔드립니다.

맛과 건강을 한번에! 아이 입맛 사로잡는 인기 만점 영양 가득 홈레시피

아이가 좋아하는 엄마표 요리 100

이동미 지음

경향BP

프롤로그

안녕하세요. 이동미입니다.

저는 10살, 7살 남매를 키우고 있는 결혼 11년차 평범한 주부예요.

여행을 좋아하는 저는 새로운 문화에 대한 호기심이 많고 특히 새로운 음식 먹어보는 걸 좋아했어요. 마침 저와 취미가 같은 지금의 남편을 만나 미슐랭 가이드에 나와 있는 스타 맛집들을 찾아다니며 연애시절을 보냈답니다. 그리고 결혼을 하고 출산을 했어요.

첫 딸을 또래보다 작게 낳았는데 그때부터 모유 수유와 이유식에 엄청 정성을 쏟았어요. 이유식 책과 블로그를 보며 새로운 이유식을 매일같이 만들어 먹였죠. 아이도 새로운 재료들을 거부감 없이 잘 먹어주어서 요리가 너무너무 즐거웠답니다.

틈틈이 시간 날 때마다 책에 나온 대로 재료를 고르고, 손질하고, 요리하고 기록했어요. 그때 요리 지식을 많이 쌓게 되었던 것 같아요. 아이들이 좋아하는 재료와 요리법이 무엇인지 잘 알게 되니까 끼니때가 되어도 걱정이 없게 되더라고요.

그러다 아이들이 기관을 다니기 시작하면서 여유 시간에 인스타를 시작하게 되었어요. 다른 분들의 레시피로 새로운 요리도 해보고, 제가 요리하는 과정을 동영상으로 찍어 공유하는 게 너무 재미있고 좋았어요.

#동미동영상 #동미밥상 조회수가 늘면서 제 레시피로 만들어 드신 분들께 맛있다는 칭찬도 많이 들었답니다. 그러다 출판 제의를 받게 되었네요. 사실 제가 전문가도 아니고, 아직 많이 부족한 탓에 몇 번을 망설였어요. 그렇지만 가족과 지인들의 응원에 힘을 얻어 용기를 내게 되었어요.

어릴 때 엄마가 해주신 추억의 음식 한 가지씩은 있잖아요. 우리 아이들에게 비싼 재료, 거창한 메뉴가 아니어도 엄마의 손맛과 사랑이 가득 담긴 간식, 보약보다 더 좋은 엄마표 음식

인기 만점 **엄마표 베이킹**

PART 4

영양 듬뿍 홈메이드 **한 그릇 요리**

아이가 잘 먹는 **초간단 요리**

Basic Guide

요리 시작 전 기본 가이드

계량하기

요리를 할 때 기본이 되는 계량법입니다. 계량 도구를 사용하면 일정한 맛을 낼 수 있어요.

1 | 계량스푼

계량스푼 1TS=1큰술=15ml=밥숟가락 1과 1/2큰술
계량스푼 1ts=1작은술=5ml=밥숟가락 1/2큰술
1큰술 가득 담아 윗면 깎기(액체류는 가득 담기)

2 | 계량컵

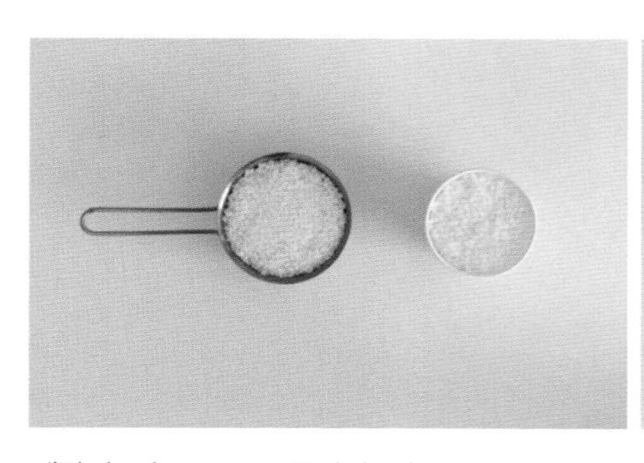

계량컵 1컵=200ml=종이컵 1컵

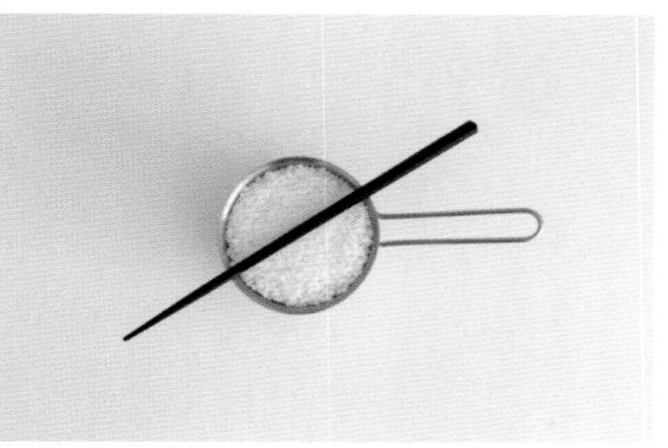

액체류는 가득 담고, 가루 및 장류는 가득 담아 윗면을 깎아요.

3 | 자주 쓰는 계량 도구

❶ **타이머:** 찌거나 오래 끓이는 요리를 할 때, 면을 삶을 때도 유용하게 쓸 수 있어요.(라이프썸 제품)

❷ **비커 계량컵:** 유리 눈금으로 된 비커형은 작은 용량을 맞출 때 유용해요.

❸ **스텐 계량컵:** 사용하기 유용한 200ml 사이즈로, 손잡이가 있어 편리해요.

❹ **유리 계량컵:** 250ml, 500ml 사이즈로, 육수를 내거나 계란을 저을 때, 양념을 만들 때도 유용해요.(파이렉스 제품)

❺ **계량스푼:** 스텐이라 안심하고 사용할 수 있어요. 15ml, 5ml짜리 2가지 제품이 제일 유용해요.(무인양품 제품)

❻ **계량저울:** 정확한 맛을 내기 위해서 하나쯤 구비해두면 좋을 가정용 2kg 저울이에요. 특히 베이킹 할 때나 이유식 할 때 없어서는 안 되는 기구예요.(드레텍 제품)

조리하기

어렵게 느껴지는 요리도 도구를 이용하면 쉽고 재미있게 접근할 수 있어요.
인스타그램에서 문의가 많았던 제가 자주 사용하는 조리 도구들을 소개할게요.

1 | 스텐 조리 도구

❶ **치즈그레이터 :** 샐러드나 양식 요리에 치즈를 갈아 얹으면 보기도 좋고, 음식에 풍미를 더해줘요.(트라이앵글 제품)

❷ **피자 커터 :** 피자나 전을 먹을 때 깔끔한 커팅을 위해 구비해두면 편해요.(쿠진아트 제품)

❸ **야채 필러 :** 감자나 당근 등 야채 껍질을 깔끔하게 벗길 수 있어요.(트라이앵글 제품)

❹ **채칼 :** 야채를 가늘게 채치는 데 편리해요. 일정한 간격으로 채칠 수 있어 무생채나 김밥용 당근, 감자전 등을 만들 때 사용하기 좋아요.(트라이앵글 줄리엔 커터 제품)

❺ **크링클 커터 :** 단면을 웨이브 형태로 커팅할 수 있는 도구예요. 카레용 야채나 묵 등을 자를 때 유용하답니다. 아이들 요리에 다양한 모양으로 재미를 줄 수 있어요. 그립감과 절삭력이 좋답니다.(트라이앵글 제품)

❻ **버터나이프:** 버터나이프로도 좋고, 빵을 자를 때나 잼을 바를 때도 유용하게 쓸 수 있어요. 절삭력도 좋고, 브런치용 과일 등을 자를 때도 크기가 작아서 편해요.(트라이앵글 제품)

❼ **건지개:** 야채나 면, 찐 달걀 등을 건질 때 유용하게 쓸 수 있어요. 손잡이가 길어서 안전하고, 견고한 스텐 재질이라 매우 만족하는 제품이랍니다.(트라이앵글 스키머 제품)

❽ **매셔:** 감자나 찐 달걀, 단호박 등을 으깰 때 사용해요. 샌드위치 속을 만들거나 샐러드 등을 만들 때 유용해요.(자연주의 제품)

❾ **삼각 집게:** 고기 구울 때나 묵직한 음식물을 들어 올릴 때 사용하면 좋아요. 열탕 소독할 때 건지는 용도로도 추천해요.(자연주의 제품)

❿ **거품기:** 달걀 요리할 때 필수품이에요. 스텐 제품이고 세척이 간편해서 자주 쓰게 되네요.(bsw 제품)

⓫ **요리 핀셋:** 섬세한 플레이팅이 필요할 때나 튀김요리를 할 때, 기름기 많은 육류를 집을 때도 간편한 요리 핀셋이에요. 왠지 더 전문가가 된 듯한 느낌이 들어 요리에 재미를 주는 도구예요.(트라이앵글 제품)

2 | 도시락 도구

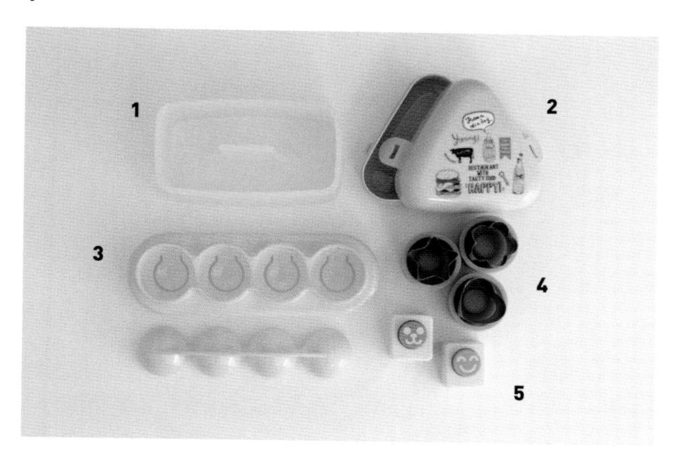

❶ **무스비 틀:** 무스비를 만들 때 재료들을 층층이 쌓아도 흐트러지지 않게 도와줘요.(도블레 제품)

❷ **삼각김밥 틀:** 틀 안에 밥을 넣고 가운데를 오목하게 누른 후 속 재료를 넣어 뚜껑을 덮었다 꺼내면 예쁜 모양의 삼각김밥을 만들 수 있어요.

❸ **주먹밥 틀:** 밥을 넣어 꾹 눌러주기만 하면 일정한 모양의 주먹밥이 만들어져요.(아네스트 제품)

❹ **모양 틀:** 야채나 치즈를 예쁜 모양으로 찍어낼 때, 쿠키를 만들 때도 좋아요.(홈앤씨 제품)

❺ **김 펀치:** 캐릭터 도시락을 만들 때 없어서는 안 될 김 펀치예요. 더욱 정교할 뿐 아니라 시간 절약에도 도움이 돼요.(아네스트 제품)

3 | 식탁을 빛나게 하는 조리 도구

❶ **나무 도마 :** 단단한 내구성과 기분 좋은 칼질 소리는 물론이고 플라스틱 도마와 달리 환경호르몬이 없어 친환경적인 도마예요. 칼자국은 주기적으로 사포로 갈아주고, 사용 후 그늘에 말린 후 가끔씩 오일 손질만 해주면 오래도록 멋스럽게 쓸 수 있답니다.(나무목 제품)

❷ **트레이 :** 저의 플레이팅에 트레이가 빠지면 섭섭하죠. 재료를 담아 옮길 때도 유용하고, 1인용 밥상을 차려도 근사해요. 각자 트레이에 올려 먹으면 위생적이기도 하고요.(라르마 제품)

❸ **주물팬, 냄비 :** 시즈닝 작업이 다소 번거롭게 느껴질 수 있지만 한 번 길들여 놓으면 평생 사용이 가능한 제품이에요. 열전도율이 높아 골고루 익혀주고, 특히 고기 구울 때는 필수품이에요. 주물팬으로 만든 음식은 확실히 맛이 좋답니다.(마미스팟 제품)

❹ **뚝배기 :** 찌개는 뚝배기에 만들어야 더 맛있는 것 같아요. 제가 사용하는 이 뚝배기는 튼튼할 뿐만 아니라 세균 번식을 막아주는 소재로 만들어져서 사용하기 편해요.(아토배기 제품)

엄마표 홈메이드 육수&소스 만들기

요즘은 시판 제품들도 잘 나오지만 첨가물 등을 생각하면 엄마표가 답이더라고요.
만들어두면 냉장고에 넣고 유용하게 사용할 수 있는 기본 육수와 소스예요.

1 | 멸치 다시마 육수

대부분의 국물 요리에 밑국물로 사용하기 좋은 기본 육수예요.

재료: 국물용 멸치 5~7마리, 다시마 3장, 표고버섯 1개, 물 1.2리터

1 냄비에 멸치를 넣고 중불에서 1분간 볶아 비린내를 날린다.

2 나머지 국물 재료를 넣고 중약불에서 약 20분간 끓인 후 건더기를 건져낸다.
(완성이 되면 1리터의 육수가 만들어져요.)

2 | 토마토소스

스파게티나 서양식 요리를 만들 때 유용하게 쓸 수 있어요.
밀폐용기에 담아서 냉장 보관하면 일주일 정도 사용 가능해요.

재료: 토마토 1개, 양파 1/5개, 홀토마토 통조림 건더기 1컵, 통조림 국물 1/2컵, 다진 마늘 1작은술, 올리브유 1큰술, 허브가루 약간, 소금 약간, 후추 약간, 물 1/2컵(100ml)

1 토마토에 +자로 칼집을 내고 끓는 물에 넣어 데친 후 껍질을 벗기고 굵게 다진다.

2 양파도 굵게 다진다.

3 달군 팬에 올리브유를 두르고 다진 마늘, 다진 양파를 넣어 볶은 후 토마토를 넣고 볶는다.

4 양파가 어느 정도 익으면 홀토마토 통조림 건더기와 국물, 허브가루, 소금, 후추를 넣고 약불에서 약 10분간 뭉근히 끓여준다.

5 식으면 블렌더에 넣고 갈아준다.

3 | 크림소스

아이들이 참 좋아하는 소스예요.
크림파스타, 그라탕 등을 만들 때 유용하게 사용 가능해요.
밀폐용기에 담아 2~3일 냉장 보관 가능해요.

재료: **버터 2큰술, 밀가루 2큰술, 우유 2컵(400ml), 소금 약간**

1. 뜨거운 물에 우유를 중탕으로 데운다.
2. 달군 팬에 버터를 올리고 녹으면 밀가루를 넣어 약불에서 타지 않게 볶는다.
3. 1의 데운 우유를 부어 소금을 넣고 곱게 저어준다.

4 | 데리야키 소스

덮밥이나 구이에 이 소스 하나면 만능이죠.
밀폐용기에 담아 10일 냉장 보관 가능해요.

재료: **양파 1/5개, 양조간장 8큰술, 맛술 6큰술, 매실청 2큰술, 올리고당 4큰술, 가쓰오부시 2줌(8g), 물 1컵(200ml)**

1. 양조간장, 맛술, 물, 양파를 넣고 중약불에 3분간 끓인다.
2. 올리고당과 매실청을 넣고 2분 더 끓인 후 불을 끄고 가쓰오부시를 넣어 15분간 그대로 둔다.
3. 체에 걸러 밀폐용기에 보관한다.

기본양념 고르기

제가 평소 자주 사용하는 양념들이에요. 되도록이면 국산, 유기농 제품을 사용하고,
시판 제품의 경우 첨가물이 적은 제품 위주로 골라요.

양조간장

음식의 간을 맞추고 맛을 내는 데 가장 많이 쓰이는 간장이에요. 저는 볶음, 조림 요리에 주로 양조간장을 사용해요. 국산 콩, 천일염, 우리 밀을 사용하고 GMO 콩을 사용하지 않은 제품이라 안심이에요.(한살림 제품)

쯔유

여름엔 소바로 겨울엔 우동, 어묵탕으로 또 사계절 덮밥용으로 너무 유용해요. 마트표 쯔유보다는 직접 만들어 판매하는 제품을 이용해요.(메종드율 우마이 쯔유 제품)

맛간장

일반 간장보다 풍미도 좋고, 조미료 없이도 감칠맛을 내는 만능 간장이에요. 음식의 염도를 낮춰주니 조림, 볶음, 찜 요리에 두루두루 사용한답니다.(요리담다 제품)

소금

함초는 바다 근처에서 소금을 품고 자라는 식물로, 각종 미네랄과 식이섬유가 풍부해요. 함초 소금은 다른 소금에 비해 짜지 않아 아이들 요리에 사용하기 좋네요.

설탕

흑설탕을 사용하다가 설탕을 대체할 천연 감미료로 팜슈가를 사용하고 있어요. 인공적인 화학 처리 없는 비정제 제품이고 항산화 성분인 폴리페놀 함량이 높다고 하네요.

후리가케

바쁜 아침이나 간식, 도시락용으로 주먹밥만 한 게 없죠. 야채 싫어하는 아이들도 김가루와 함께 주먹밥으로 뭉쳐주면 잘 먹더라고요. 요 제품은 한우까지 들어 있어서 맛있어요.

올리고당

요리에 건강한 단맛을 내고, 윤기를 더해 음식을 돋보이게 하는 재료가 올리고당이에요. 올리고당은 고온에서 오랫동안 가열하면 단맛이 없어지니 마지막에 넣어주면 좋아요.

참기름

한식 무침 요리에 빠질 수 없는 참기름이에요. 좋은 참기름은 향이 진하고 고소하며 투명한 밝은 황금빛이랍니다. 참기름은 실온에 두고 사용하는 제품이니 용량이 작은 것으로 구입해서 신선하게 드세요.

참깨

고소한 맛도 좋고, 영양도 풍부하며 마무리로 뿌려주면 먹음직해 보이는 재료예요. 참기름과 참깨는 국산이 확실히 고소하더라고요. 볶지 않은 것은 밀폐용기에 담아 냉장 보관하며, 볶은 참깨는 냉동 보관해요.

영양 가득 아이 음식 만들기

1. 성장에 필요한 영양소를 골고루 섭취할 수 있게 해주세요.

성장기 아이들에게 가장 중요한 영양소는 단백질, 탄수화물, 지방, 비타민과 무기질이에요. 저는 주로 유치원이나 학교 식단표를 참고해서 저녁은 되도록 겹치지 않는 재료로 요리해요. 예를 들어 고기가 나온 날 저녁엔 생선을 주고, 면 요리가 나온 날엔 밥, 국, 반찬 등 든든하게 차려줘요. 간식으로는 주로 칼슘과 오메가3 지방산이 풍부한 우유, 치즈, 견과류, 브로콜리 등을 챙겨주면 좋아요.

2. 제철 식재료를 사용하세요.

제철 재료는 맛이 좋을 뿐 아니라 영양소도 풍부해요. 또한 가격도 저렴해서 부담 없이 요리에 사용하기 좋아요. 저는 제철 식재료는 꼭 맛보게 하기 때문에 저희 가족은 음식으로 계절을 느끼곤 한답니다. 그래서인지 편식도 적은 편이에요.

3. 다양한 조리법을 활용하세요.

같은 재료라도 만드는 방법을 달리 하면 색다른 요리가 되지요. 예를 들어 고구마는 찐 고구마, 고구마 튀김, 고구마 샐러드, 고구마 카레, 고구마 피자 등 찌기, 튀기기, 볶기, 끓이기로 다양하게 활용해보세요. 식감도 다르고, 비주얼도 달라서 눈과 입이 즐거운 요리가 될 거예요.

4. 저염, 저당, 첨가물 적은 제품을 사용하세요.

한국 음식은 주로 간장을 이용하기 때문에 염도가 높은 음식이 많아요. 저는 장류나 조미료보다는 주로 육수를 베이스로 요리하는 편이에요. 멸치, 다시마, 새우, 표고버섯 등으로 육수를 내면 감칠맛은 올리고 염도는 낮출 수 있답니다. 또한 설탕보다는 식이 섬유가 풍부한 올리고당, 무기질이 풍부한 꿀, 천연감미료 팜슈가, 아가베시럽 등을 사용하고 있어요. 가공식품은 되도록이면 유기농 마트(한살림, 초록마을, 자연드림 등) 제품을 이용하고, 햄, 어묵, 소시지, 참치는 뜨거운 물을 부어 기름기와 불순물을 제거하고 사용해요.

5. 이왕이면 눈이 즐거운 예쁜 요리를 해주세요.

저는 인스타를 운영하기 전부터 다양한 색감의 재료들로 요리하고, 플레이팅에 신경 쓰는 편이었어요. 보기 좋은 음식이 맛도 좋더라고요. 특히나 아이들에게는 알록달록하게, 때로는 캐릭터 모양도 넣어주면서 눈으로 먼저 음식에 대한 호기심을 유발시켜주는 게 중요하더라고요. 싫어하는 야채가 있다면 모양 틀로 찍어가며 함께 요리해보세요. 노력하는 엄마가 편식 없는 아이를 만든답니다.

아이가 좋아하는 엄마표 요리 100

PART 1

아이 입맛 사로잡는 **간식 메뉴**

만두피 수제비

찬바람 불기 시작하면 엄마가 끓여주시던 수제비 생각이 나요. 반죽 치대는 번거로움 없이 만두피로 간편하게 만들어보세요. 부드러운 만두피가 호로록 잘 넘어가서 먹기 좋답니다.

ingredient

- □ 멸치육수 600ml
- □ 만두피 12장
- □ 감자 1개
- □ 호박 1/5개
- □ 양파 1/4개
- □ 버섯 1개
- □ 당근 1/5개
- □ 파 10cm
- □ 다진 마늘 1큰술
- □ 국간장 1큰술
- □ 후추 약간

How to cook

1. 감자, 호박, 양파, 버섯, 당근, 파를 먹기 좋은 크기로 썬다.
2. 만두피는 미리 해동한 후 +자 모양으로 4등분한다.
3. 멸치 육수를 만든다.
4. 파를 제외한 1의 재료를 모두 넣고 끓인다.
5. 야채가 어느 정도 익으면 만두피를 하나씩 떼어 넣고 붙지 않게 잘 저어준다.
6. 다진 마늘, 국간장, 후추, 파를 넣어 만두피가 투명해질 때까지 끓인다.

1

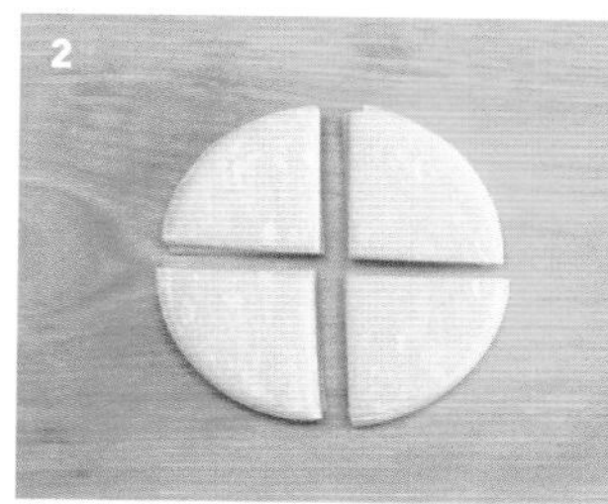
2

3

4

5

6

굴림 만두

만두소를 둥글게 빚어 가루에 굴린 만두로 요리 초보 엄마도 쉽게 만들 수 있는 만두예요.
돼지고기와 두부를 섞어 만들어 부드럽고 담백해서 아이들 먹기 좋답니다. 남은 만두는 만둣국으로도 활용해보세요.

ingredient

- 돼지고기 다짐육 200g
- 두부 1/2모
- 양파 1/4개
- 당근1/5개
- 부추 50g
- 전분가루 1/2컵

만두소 양념

- 달걀 1개
- 간장 2큰술
- 설탕 1작은술
- 다진 마늘 1큰술
- 참기름 0.5큰술
- 후추 약간

How to cook

1. 부추, 당근, 양파를 잘게 다진다.
2. 두부는 물기를 꼭 짠다.
3. 1, 2와 돼지고기를 섞는다.
4. 만두소 양념을 넣어 치댄다.
5. 먹기 좋은 크기로 동그랗게 빚어준다.
6. 전분가루에 굴려준다.
7. 찜기에 넣고 약 10분간 쪄준다.

1

2

3

4

5

6

7

전분가루가 투명해지고 속이 익으면 한 김 식힌 후에 찜기에서 꺼내야 서로 들러붙지 않아요.

뼈다귀 떡갈비

보기 좋은 음식이 먹기도 좋고 맛도 있죠.
동그란 떡갈비 말고 뼈다귀 모양 떡갈비로 만들어보세요. 말랑한 떡과 양념된 고기가 씹히는 맛이 좋답니다.

- ☐ 다진 돼지고기 200g
- ☐ 다진 마늘 0.5작은술
- ☐ 후추 약간
- ☐ 떡볶이 떡 15~20개
- ☐ 식용유 적당량

반죽

- ☐ 양파 1/4개
- ☐ 대파 약 10cm
- ☐ 달걀물 2큰술
- ☐ 빵가루 1큰술
- ☐ 굴소스 1작은술
- ☐ 소금 1꼬집

How to cook

1 볼에 돼지고기, 다진 마늘, 후추를 넣고 버무려 약 15분간 재워둔다.
2 양파와 대파를 다진다.
3 양파와 대파를 수분이 날아가도록 볶는다.
4 1에 반죽 재료를 넣어 충분히 치댄다.
5 떡에 고기를 뼈다귀 모양으로 말아 기름 두른 팬에 뒤집어가며 굽는다.

육즙이 빠져나오지 않게 센 불에서 굽다가 약불로 낮춰 물을 1큰술 넣고 포일이나 뚜껑을 덮어 속까지 고루 익혀주세요.

옥수수전

캔 옥수수로 간단히 만들 수 있는 옥수수전이에요.
치즈를 살포시 녹여주고 연유까지 뿌리니 알알이 씹히는 옥수수맛이 참 좋답니다.

ingredient

- □ 캔 옥수수 200g
- □ 전분 1큰술
- □ 물 1큰술
- □ 치즈 1.5장
- □ 소금 약간
- □ 연유 취향껏
- □ 식용유 적당량

How to cook

1. 캔 옥수수를 체에 밭쳐 물기를 제거한다.
2. 전분, 물, 소금을 넣어 되직하게 섞어준다.
3. 치즈를 4등분한다.
4. 달군 팬에 기름을 두르고 2를 넣어 양면을 익힌 후 치즈를 얹어 약불에 녹인다.

취향껏 연유를 뿌려주면 더 맛있어요.

아이 입맛 사로잡는 간식 메뉴

6

해시 포테이토

올리브오일에 볶은 야채들을 반숙 달걀과 같이 곁들여 먹는 해시 포테이토예요. 냉장고 안의 자투리 야채들을 활용해서 주말 아침 브런치로 만들어보세요. 주물팬에 담아내면 처음부터 끝까지 따뜻하게 즐길 수 있어요.

ingredient

- 감자 2개
- 비엔나소시지 8개
- 양파 1/2개
- 달걀 2개
- 쪽파 1줄
- 파마산치즈(선택)
- 올리브오일 1큰술
- 소금 약간
- 후추 약간

How to cook

1. 준비한 재료를 약 0.8cm 크기로 깍둑썬다.
2. 달군 팬에 올리브오일을 두르고 감자를 익힌다.
3. 감자가 노릇해지면 소시지와 양파, 쪽파를 넣고 소금, 후추로 간한다.
4. 달걀 넣을 자리를 만들어 깨트려 넣은 후 뚜껑을 덮고 익혀준다.

odense

허니버터 웨지감자

비타민C는 대부분 익히면 파괴되지만 감자의 비타민C는 익혀도 쉽게 파괴되지 않아요.
버터를 넣어 풍미도 좋고 맛도 고소한 허니버터 웨지감자를 즐겨보세요.

- 감자 3개
- 꿀 3큰술
- 녹인 버터 2큰술
- 다진 마늘 1큰술
- 소금 1작은술
- 파슬리가루 약간

How to cook

1. 감자는 껍질째 깨끗이 씻어 8등분한다.
2. 물에 약 15분간 담가 전분기를 뺀다.
3. 끓는 물에 소금을 넣어 감자를 반 정도 익힌 후 건져낸다.
4. 감자를 건져내고 꿀, 녹인 버터, 다진 마늘, 파슬리가루를 넣어 소스를 만든다.
5. 에어프라이어 180도에서 10분, 뒤집어서 10분 더 익힌다.

호박 동그랑땡

호박전과 동그랑땡을 동시에 즐길 수 있는 호박 동그랑땡이에요.
아이들 간식이나 밥반찬으로, 명절 메뉴로도 참 좋더라고요.

ingredient

- ☐ 애호박 2개
- ☐ 밀가루 1/2컵
- ☐ 달걀 2개 ☐ 소금 약간
- ☐ 후추 약간
- ☐ 식용유 적당량

동그랑땡 반죽

- ☐ 돼지고기 다짐육 300g
- ☐ 두부 1/2모 ☐ 양파 1/4개
- ☐ 당근 1/5개 ☐ 부추 30g
- ☐ 다진 마늘 1작은술
- ☐ 간장 1작은술
- ☐ 소금 1작은술
- ☐ 참기름 1작은술
- ☐ 후추 약간

How to cook

1. 호박은 0.8cm 두께로 썰어 가운데 구멍을 낸다.
   → 쿠키틀이나 음료 병뚜껑을 이용하면 편리해요.
2. 호박에 소금, 후추를 살짝 뿌려준다.
3. 부추, 양파, 당근을 잘게 다진다.
4. 두부는 물기를 꼭 짠다.
5. 볼에 동그랑땡 반죽 재료를 넣고 골고루 치댄다.
6. 호박 속에 5를 채워준다.
7. 밀가루, 달걀옷을 입힌다.
8. 달군 팬에 기름을 두르고 약불에 앞뒤로 노릇하게 구워준다.

ADDICTE

감자채전

감자는 사계절 쉽게 구할 수 있는 식재료예요. 게다가 영양도 풍부해서 변비에 특효가 있고, 염증 완화, 기관지염에도 좋다고 해요. 맛있고 만들기도 간단한 감자채전을 만들어보세요.

- ☐ 감자 2개
- ☐ 부침가루 1큰술
- ☐ 소금 1작은술
- ☐ 후추 약간
- ☐ 식용유 적당량

How to cook

1. 감자는 최대한 얇게 채 썬다.
2. 감자를 물에 헹군 후 체에 밭쳐 물기를 뺀다.
3. 부침가루와 소금, 후추를 넣어 버무려준다.
4. 달군 팬에 기름을 넉넉히 두르고 노릇노릇하게 구워준다.

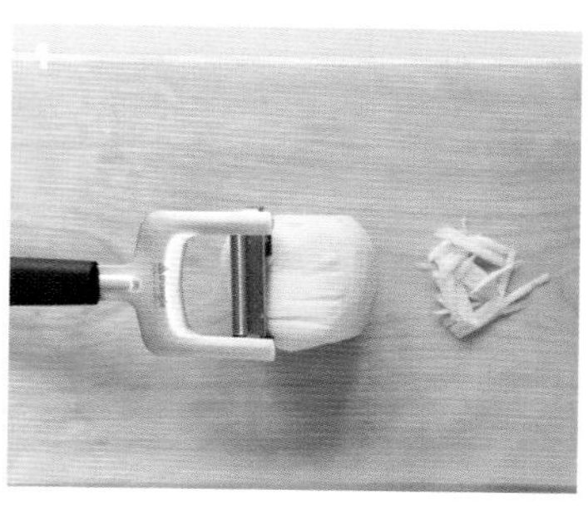

떡 추로스

놀이공원에 가면 시나몬 향에 이끌려 꼭 추로스를 사먹곤 했어요. 반죽할 필요 없이 떡볶이 떡이나 가래떡을 활용해서 떡 추로스를 만들어보세요. 말랑말랑, 쪼득쪼득 엄마표 간식이 손쉽게 완성된답니다.

- 떡 2컵
- 버터 2큰술
- 설탕 3큰술
- 시나몬파우더 1큰술
- 견과류 믹스 25g

How to cook

1 딱딱한 떡은 물에 담근 후 물기를 닦아준다.

2 달군 팬에 버터를 녹인 후 떡이 노릇해지도록 튀기듯 볶아준다.

3 견과류 믹스를 다진 후 설탕, 시나몬파우더와 함께 섞어준다.

4 떡을 넣고 골고루 버무려준다.

두부 강정

맛도 좋고, 영양가도 높은 두부를 꿀, 간장에 조려봤더니 바삭하고 담백한 맛이 참 좋더라고요.
에어프라이어를 사용하니 기름에 튀기지 않아 간단하고 더 건강한 간식이 되었어요.

- ☐ 두부 1모
- ☐ 올리브오일 1큰술
- ☐ 감자전분 5큰술
- ☐ 소금 1작은술
- ☐ 검은깨 약간
- ☐ 슬라이스 아몬드 15g

간장소스

- ☐ 꿀 2큰술
- ☐ 간장 1큰술
- ☐ 참기름 1작은술
- ☐ 다진 마늘 1작은술

How to cook

1. 깍둑썰기한 두부에 소금을 골고루 뿌리고 키친타월에 올려 물기를 제거한다.
2. 위생 비닐에 두부와 감자전분을 넣고 잘 흔들어 섞는다.
3. 에어프라이어용 용기에 담아 올리브오일을 골고루 뿌려준다.
4. 에어프라이어 190도에서 10분, 뒤집어 12분 두부가 더 노릇해질 때까지 익힌다.
5. 팬에 간장소스를 넣고 끓어오르면 두부를 넣어 버무린 후 불을 끄고 아몬드와 검은깨를 넣고 섞어준다.

푸딩 달걀찜

푸딩같이 폭폭 떠먹을 수 있는 달걀찜이에요. 물 양만 잘 조절하면 하나도 어려울 게 없답니다.
새우와 버섯을 올려주면 밥반찬으로도 좋아요.

ingredient

- 달걀 6개
- 다시마육수 300ml
- 쯔유 1큰술
- 맛술 1큰술
- 소금 약간

고명

- 새우 2개
- 완두콩 2~3개
- 표고버섯 1개

How to cook

1. 다시마육수와 달걀, 쯔유, 맛술, 소금을 섞어 체에 내려준다.
2. 오목한 그릇에 담는다.
3. 뚜껑을 덮거나 랩을 씌워 찜기에 약 7분간 찐다.
4. 고명 재료를 준비한다.
5. 고명을 올리고 뚜껑을 다시 덮어 5분간 더 익혀준다.

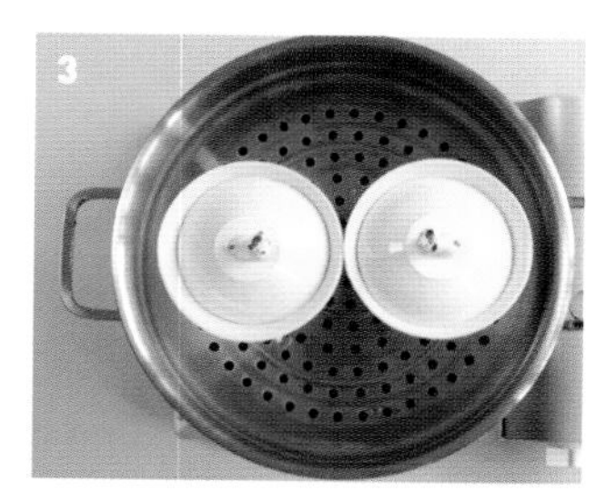

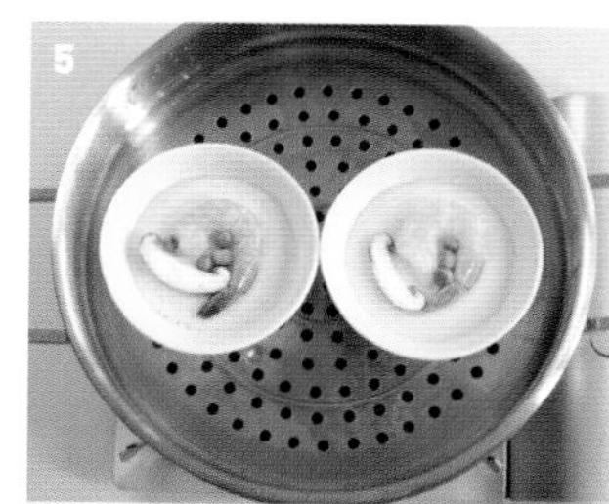

콘치즈

쭉쭉 늘어나는 치즈와 달콤하게 씹히는 옥수수가 매력적인 콘치즈예요. 만들기도 쉽고 맛있어서 아이도, 어른도 좋아하는 메뉴랍니다. 주물팬에 담아내면 먹는 내내 따뜻하게 즐길 수 있어 좋아요.

- ☐ 캔 옥수수 1통(340g)
- ☐ 청피망 1/3개
- ☐ 빨강 파프리카 1/3개
- ☐ 양파 1/4개
- ☐ 슬라이스 치즈 1장
- ☐ 피자치즈 1컵
- ☐ 마요네즈 3큰술
- ☐ 설탕 1/2큰술
- ☐ 소금 1꼬집

How to cook

1. 피망, 파프리카, 양파를 다진다.
2. 캔 옥수수는 체에 밭쳐 한 번 헹군 후 물기를 뺀다.
3. 1과 2에 마요네즈, 설탕, 소금을 넣어 버무린 후 팬에 담는다.
4. 슬라이스 치즈와 피자치즈를 얹어 에어프라이어 180도에서 약 10분간 굽는다.

에어프라이어가 없을 경우 3의 과정에서 팬에 볶다가 뚜껑을 덮어 치즈를 녹여주세요.

가지 라자냐

물컹한 식감의 가지는 아이들에게 호불호가 강한 식재료인 것 같아요. 치즈를 더해 라자냐로 만들어주니 너무 맛있다며 좋아하네요. 특별한 날, 손님 초대 음식으로도 근사하답니다.

- 가지 1개
- 토마토소스 200g
- 소고기 다짐육 150g
- 양파 1/3개
- 피자치즈 300g
- 파슬리가루 약간
- 소금 약간
- 후추 약간
- 올리브오일 1큰술

How to cook

1. 가지는 반 잘라 얇게 슬라이스하고, 양파는 다진다.
2. 달군 팬에 가지의 수분이 날아가도록 바싹 구워준다.
3. 올리브오일을 두른 팬에 소고기, 양파, 소금, 후추를 넣어 볶아준다.
4. 토마토소스를 넣어 뭉근히 끓인다.
5. 2의 가지, 4의 소스, 피자치즈 순으로 차곡차곡 쌓아준다.
6. 오븐 180도에서 약 15분간 구운 후 파슬리가루를 뿌려준다.

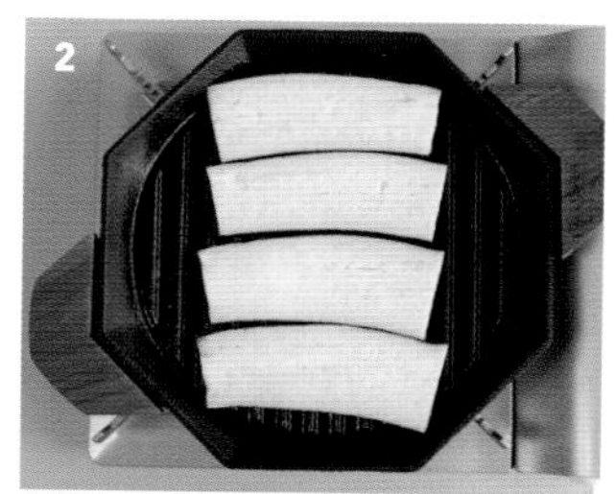

단호박 에그슬럿

미니 단호박이 나오는 시기에 꼭 만들어 먹는 단호박 에그슬럿이에요. 단호박이 영양은 높고 칼로리는 낮아서 부담 없이 먹기 좋더라고요. 달걀과 치즈가 들어가서 아침 식사 대용으로도 훌륭해요.

- □ 미니 단호박 2개
- □ 달걀 2개
- □ 피자치즈 200g
- □ 파슬리가루 약간
- □ 소금 약간
- □ 후추 약간
- □ 굵은 소금(단호박 세척용) 적당량

How to cook

1. 단호박은 굵은 소금으로 문질러 깨끗이 씻는다.
2. 윗부분을 자르고 전자레인지에 약 3분간 돌려 반쯤 익힌다.
3. 속을 파내고 준비한 치즈의 반을 호박 속에 넣는다.
4. 달걀을 넣고 소금과 후추를 뿌린 뒤 노른자를 포크로 살짝 찔러준다.
   →**노른자 터짐 방지예요.**
5. 남은 치즈를 얹어 전자레인지에서 약 3분간 익힌 후 파슬리가루를 뿌려준다.

치즈 밥전

반찬도 마땅치 않고 찬밥밖에 없을 때 뚝딱 만들 수 있는 메뉴예요. 냉장고 안의 자투리 야채들을 활용하기에도 좋아요. 납작하고 바삭하게 구우면 누룽지와는 또 다른 매력의 고소함이 있답니다.

ingredient

- ☐ 밥 1공기
- ☐ 부추 20g
- ☐ 당근 1/5개
- ☐ 양파 1/4개
- ☐ 달걀 2개
- ☐ 치즈 1장
- ☐ 소금 약간
- ☐ 식용유 적당량

How to cook

1. 부추, 당근, 양파를 곱게 다진다.
2. 달걀을 풀어 밥, 야채, 소금을 넣고 잘 섞어준다.
3. 치즈를 X자 모양으로 자른다.
4. 식용유를 두른 팬에 2의 반죽을 붓고 굽는다.
5. 앞뒤로 노릇하게 익으면 마지막에 치즈를 예쁘게 얹은 후 약불에 녹여준다.

육전

고소하고 부드러워서 온 가족이 좋아하는 육전이에요. 성장기 아이들의 단백질 보충에 소고기 섭취는 필수잖아요.
매운 파채 대신 상큼한 상추 샐러드를 곁들여보세요.

- 육전용 소고기(홍두깨 혹은 우둔살) 300g
- 달걀 2개
- 부침가루(밀가루) 1/3컵
- 소금 약간
- 후추 약간
- 식용유 적당량

1 키친타월로 소고기의 핏물을 제거하고 소금, 후추를 뿌려준다.
2 달걀을 곱게 풀어 밀가루와 같이 준비한다.
3 소고기에 밀가루를 꼼꼼히 묻혀주고, 달걀옷을 입힌다.
4 기름을 넉넉히 두른 팬에 중불로 노릇하게 구워준다.

상추 샐러드 만들기

상추 10장, 간장 1큰술, 식초 1큰술, 맛술 1작은술, 설탕 0.5큰술, 참기름 0.5큰술

김치 치즈전

김치 치즈전 덕분에 제 딸이 김치를 먹기 시작했죠. 김치의 매운맛을 치즈가 잡아주더라고요.
부침가루와 튀김가루를 섞어 바삭한 전을 만들어보세요.

ingredient

- ☐ 자른 김치 2컵
- ☐ 부침가루 1컵
- ☐ 튀김가루 1컵
- ☐ 물 2컵
- ☐ 양파 1/3개
- ☐ 피자치즈 200g
- ☐ 식용유 적당량

How to cook

1 부침가루와 튀김가루를 물에 잘 섞어준다.

2 1에 자른 김치와 양파를 넣고 섞어준다.

→ 신 김치일 경우 설탕을 조금 넣어줘도 좋아요.

3 달군 팬에 기름을 넉넉히 두르고 반죽을 굽는다.

4 전을 뒤집어 한쪽 면에 치즈를 뿌려준다.

5 반을 접어 치즈가 녹을 정도로 노릇하게 부친다.

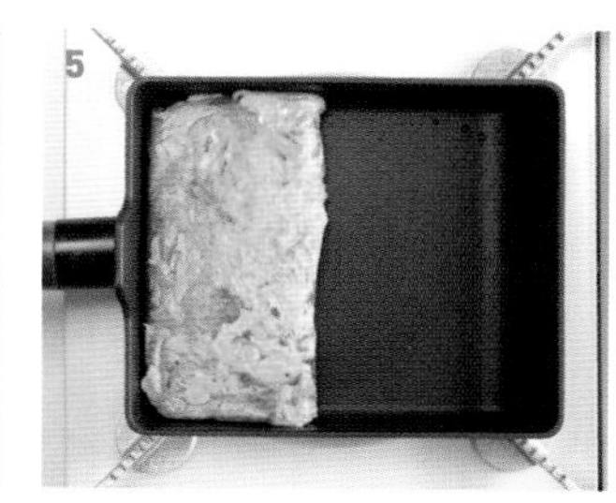

아이가 좋아하는 엄마표 요리 100

PART 2

사먹는 것보다 맛있는 **일품 요리**

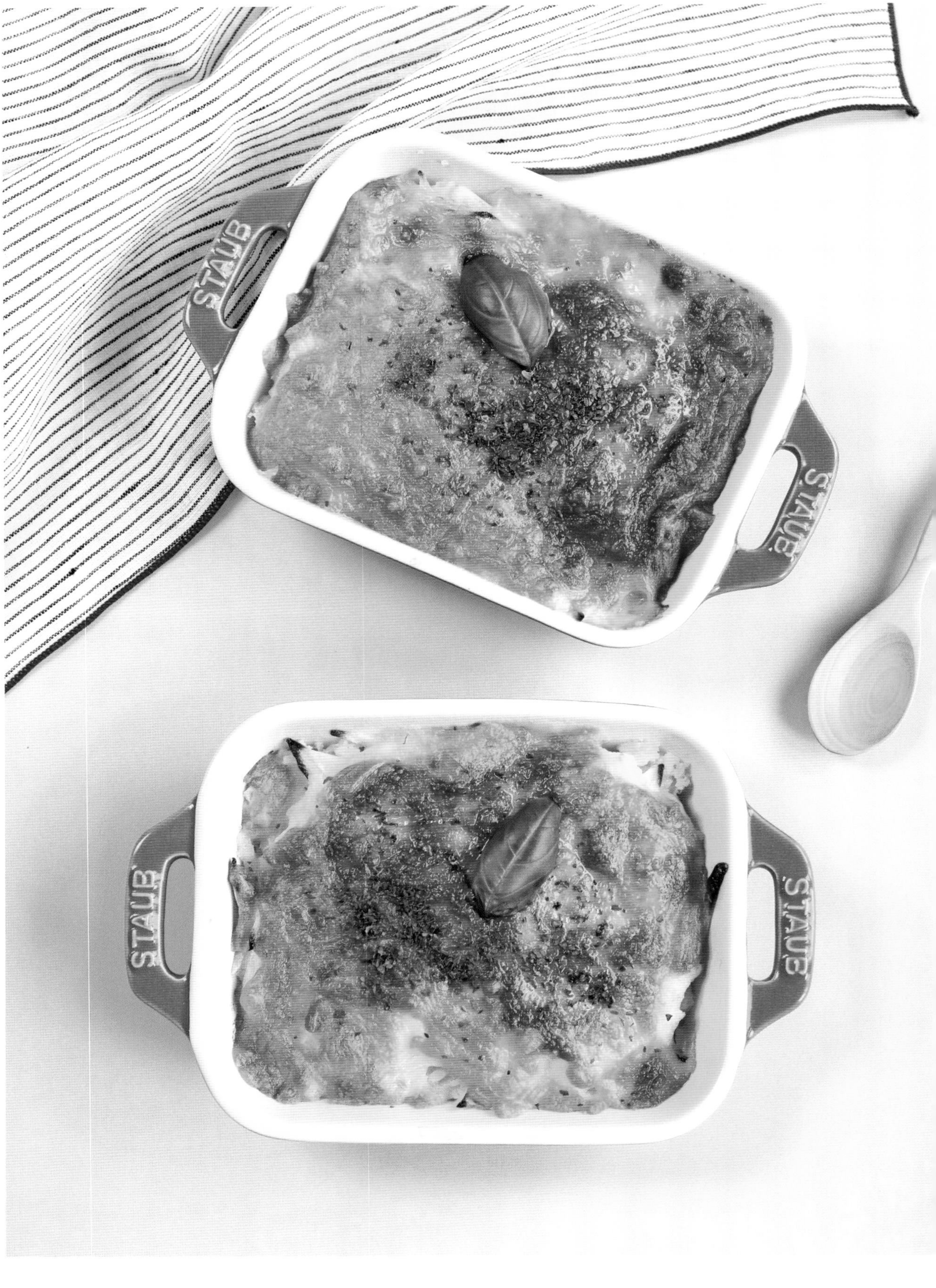
STAUB
STAUB
STAUB
STAUB

닭다리살 구이

쫄깃한 맛이 일품인 닭다리살 구이예요.
국내산 무항생제 닭다리살을 이용해서 더욱 건강하게 즐겨보세요.
샐러드를 곁들이면 한 그릇 요리로도 근사하답니다.

- ☐ 닭다리살 5조각(약 400g)

양념

- ☐ 다진 마늘 2큰술
- ☐ 맛술 2큰술
- ☐ 소금 1큰술
- ☐ 올리고당 2큰술
- ☐ 후추 약간
- ☐ 허브가루 약간
- ☐ 올리브유 1큰술

How to cook

1. 손질한 닭다리는 지방을 떼어내고 깨끗이 씻는다.
2. 양념 재료에 20분 이상 재워둔다.
3. 닭 껍질이 위로 가도록 용기에 담아 에어프라이어 180도에서 8분, 뒤집어 7분 더 익혀준다.

등심 돈가스

깨끗한 기름에 무항생제 통살 등심을 사용해서 엄마표로 만든 돈가스예요.
소분해서 냉동해두면 바쁠 때 언제든 비상식량으로 꺼내 쓸 수 있어요.

ingredient

- ☐ 돈가스용 돼지고기 등심 500g
- ☐ 달걀 2개
- ☐ 밀가루 200g
- ☐ 빵가루 200g
- ☐ 소금 약간
- ☐ 후추 약간
- ☐ 맛술 1큰술
- ☐ 식용유 적당량

How to cook

1 돈가스용 등심을 포크로 찔러 연육한 후 맛술, 소금, 후추를 뿌려 밑간한다.

2 밀가루, 달걀, 빵가루를 준비한다.

3 밀가루, 달걀, 빵가루 순으로 골고루 묻혀준다.

4 170도 기름에 노릇하게 튀긴다.

5 기름 망에 기름이 빠지도록 잠시 두었다가 썰어준다.

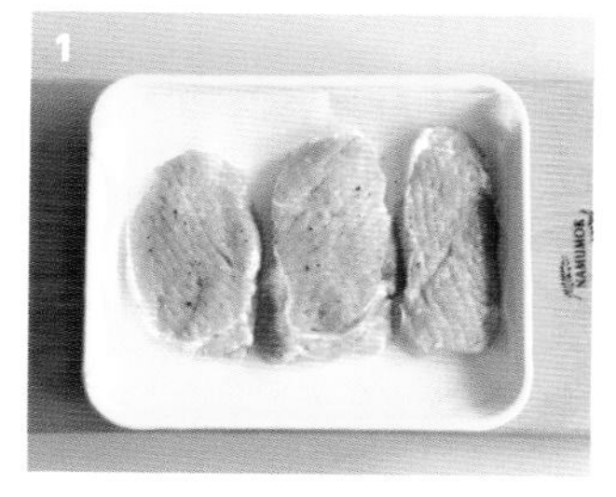

홈메이드 돈가스소스 만들기

버터 3큰술을 약불에 녹여 밀가루 3큰술을 넣고 루를 만든 후 설탕 3큰술, 케첩 3큰술, 굴소스 3큰술, 물 360ml을 넣어 끓이세요.

MOMMY'S POT

돈가스 나베

바삭한 돈가스도 좋지만 찬바람 솔솔 불기 시작할 때 보글보글 끓인 나베 요리도 참 좋잖아요.
쯔유의 감칠맛이 느껴지는 국물과 부드러운 달걀을 밥 위에 얹어 먹으면 색다른 별미랍니다.

ingredient

- □ 돈가스 1장
- □ 밥 1공기
- □ 양파 1/2개
- □ 달걀 1개
- □ 쪽파 1줄
- □ 쯔유 1큰술
- □ 간장 1작은술
- □ 물 100ml

How to cook

1. 돈가스를 먹기 좋은 크기로 썰고, 양파는 채 썬다.
2. 달걀은 살짝 풀어둔다.
3. 팬에 물, 쯔유, 간장, 양파를 넣어 끓인다.
4. 양파가 반 이상 익으면 돈가스를 넣어 끓인다.
5. 달걀물을 붓고 뚜껑을 덮어 약불에서 40초간 익힌 후 불을 끈다.
6. 밥 위에 5를 얹고 송송 썬 쪽파를 올려준다.

DESIGN ADDICTE

목살 스테이크 카레

카레를 색다르고 근사하게 즐길 수 있는 목살 스테이크 카레예요.
큼지막하게 썬 야채와 목살 스테이크의 조합이 참 좋더라고요.
목살을 그대로 담아도 되고, 스테이크처럼 썰어서 플레이팅 해도 먹음직스러워요.

ingredient

- ☐ 스테이크용 목살 300g
- ☐ 감자 2개
- ☐ 당근 1/2개
- ☐ 양파 1/2개
- ☐ 파프리카 1/2개
- ☐ 완두콩 100g
- ☐ 고형 카레 3~4조각
- ☐ 물 500ml

고기 마리네이드

- ☐ 소금 약간
- ☐ 후추 약간
- ☐ 올리브오일 적당량

How to cook

1. 스테이크용 목살을 포크로 찍어 연육한 후 소금, 후추, 올리브오일을 발라둔다.
2. 당근, 감자, 양파, 파프리카는 큼지막하게 썰고 완두콩도 씻어둔다.
3. 달군 팬에 고기를 넣고 센 불에 앞뒤로 굽는다.
4. 양파를 넣어 투명해질 때까지 볶는다.
5. 감자, 당근을 넣고 볶는다.
6. 물 500ml를 넣어 끓이다가 야채가 익으면 고형 카레, 파프리카, 완두콩을 넣는다.
   → 고형 카레를 취향에 맞게 넣고 농도를 조절해주세요.

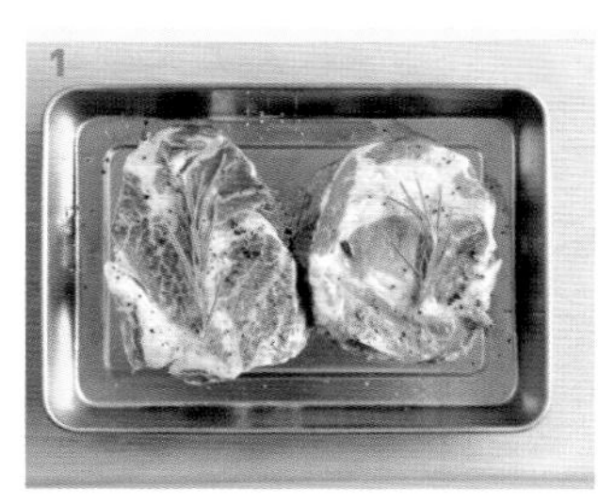

납작만두

대구의 명물 납작만두 들어보셨나요?
당면과 부추 소를 넣어 납작하게 만든 후 구워 먹는 만두예요.
떡볶이에 찍어 먹어도, 비빔만두로 해먹어도 맛있는 간식이랍니다.

- □ 부추 80g
- □ 당면 80g
- □ 찹쌀만두피 1팩
- □ 간장 1작은술
- □ 참기름 1작은술
- □ 통깨 1큰술
- □ 후추 약간
- □ 식용유 적당량

양념장

- □ 간장 1큰술
- □ 식초 0.5작은술
- □ 다진 파 1큰술
- □ 고춧가루 약간

How to cook

1. 미지근한 물에 당면을 약 30분간 불린 후 물기를 빼고 잘게 자른다.
2. 잘게 자른 부추를 당면, 간장, 참기름, 통깨, 후추와 함께 볼에 담는다.
3. 1과 2의 재료들이 잘 어우러지게 섞는다.
4. 만두피에 섞어둔 소를 넣고, 테두리에 물을 발라 반 접어 붙인다.
5. 가운데를 손으로 눌러 공기를 빼고 납작하게 만든다.
6. 기름을 두른 팬에 바삭하게 굽는다.

1

2

3

4

5

6

6의 과정에서 찜기에 찐 후 한 김 식혀 서로 붙지 않게 냉동 보관하면 언제든 꺼내 먹을 수 있어요. 촉촉하게 먹으려면 쪄서 식힌 후 마른 팬에 가볍게 구워 드세요.

닭봉구이

레시피도 간단하면서 에어프라이어만 있으면 만들기 쉬운 닭봉구이예요.
카레가루 2스푼만 넣으면 배달 치킨 부럽지 않은 맛이 난답니다.

- 닭봉 500g
- 소금 0.5큰술
- 다진 마늘 0.5큰술
- 맛술 1큰술
- 카레가루 2큰술
- 올리브오일 2큰술

How to cook

1. 닭봉에 양념이 잘 배도록 칼집을 넣는다.
2. 소금, 다진 마늘, 맛술, 카레가루, 올리브오일을 넣어 잘 버무린다.
3. 에어프라이어 200도에서 10분, 뒤집어 180도에서 7분 더 돌린다.
   → 에어프라이어가 없으면 프라이팬에 껍질 쪽부터 익혀주세요.

쉬림프 박스

10년 전 하와이에서 처음 먹어본 쉬림프 박스는 정말 신세계였어요. 고소한 버터 갈릭소스에 탱글하게 씹히는 새우 식감이 너무 좋더라고요. 해변에서 피크닉을 즐기는 기분이 들게 도시락 스타일로 담아보면 어떨까요?

ingredient

- □ 새우 1컵(중간 크기로 약 12마리)
- □ 식용유 3큰술
- □ 다진 마늘 2큰술
- □ 버터 1큰술
- □ 파슬리가루 약간
- □ 소금 약간
- □ 후추 약간
- □ 밥 1공기

How to cook

1. 새우는 소금, 후추로 밑간한다.
2. 식용유에 다진 마늘을 넣은 후 약불로 향을 낸다.
3. 새우와 버터를 넣는다.
4. 마늘과 새우가 노릇노릇해질 때까지 약불에 볶아 밥 위에 얹고 파슬리가루를 뿌린다.

찹스테이크

찹스테이크 만드는 날은 왠지 더 특별한 날 같은 기분이 들어요.
각종 야채와 고기에 소스가 쏙 배어서 어른, 아이 할 것 없이 좋아하는 메뉴지요.
지글지글 익어가는 소리에 요리하는 재미도 있답니다.

ingredient

- ☐ 소고기(등심이나 채끝) 300g
- ☐ 빨강 파프리카 1/2개
- ☐ 피망 1/2개
- ☐ 양송이버섯 3개
- ☐ 마늘 4알 ☐ 양파 1/2개
- ☐ 당근 1/5개
- ☐ 버터 1큰술

소고기 마리네이드

- ☐ 허브가루 약간
- ☐ 올리브오일 적당량
- ☐ 소금 약간
- ☐ 후추 약간

소스

- ☐ 스테이크소스 4큰술
- ☐ 케첩 2큰술
- ☐ 굴소스 1큰술
- ☐ 홀그레인 머스터드 0.5큰술
- ☐ 올리고당 1작은술
- ☐ 다진 마늘 1작은술

1. 키친타월로 핏물을 뺀 고기에 올리브오일, 허브가루, 소금, 후추를 넣어 버무린다.
2. 준비한 야채들을 먹기 좋은 크기로 썬다.
3. 소스 재료를 잘 섞어둔다.
4. 달군 팬에 버터를 녹이고 마늘과 고기를 넣어 겉을 빠르게 익혀준다.
5. 야채와 소스를 넣고 센 불에 빠르게 볶아준다.

치킨 너겟과 양배추 샐러드

만들어두면 샐러드, 치킨 랩, 햄버거 등 다양하게 활용 가능한 치킨 너겟이에요.
마요네즈를 넣어주면 훨씬 더 부드럽고 맛있답니다. 치킨 짝꿍 양배추 샐러드도 꼭 같이 곁들여 드세요.

- ☐ 닭안심 10조각
- ☐ 밀가루 3큰술
- ☐ 달걀 1개
- ☐ 빵가루 1컵
- ☐ 마요네즈 1큰술
- ☐ 소금 0.5작은술
- ☐ 후추 약간

양배추 샐러드

- ☐ 양배추 1/8개
- ☐ 양파 1/4개
- ☐ 당근 1/6개
- ☐ 마요네즈 4큰술
- ☐ 식초 1큰술
- ☐ 설탕 1큰술
- ☐ 소금 약간
- ☐ 후추 약간

How to cook

1. 닭안심은 힘줄을 제거한 후 마요네즈와 소금, 후추를 뿌려 약 20분 이상 재워둔다.
2. 밀가루, 달걀, 빵가루를 준비한다.
3. 닭안심에 밀가루, 달걀, 빵가루 순으로 골고루 묻힌다.
4. 에어프라이어 180도에서 10분, 뒤집어 5분 더 노릇하게 튀긴다.
5. 양배추는 채 썰고, 양파, 당근은 다져서 분량의 재료를 넣어 잘 버무린다.

양배추 샐러드를 만들어 실온에 1시간 정도 두었다가 냉장 보관해서 먹어야 시원하고 아삭한 식감을 즐길 수 있어요.

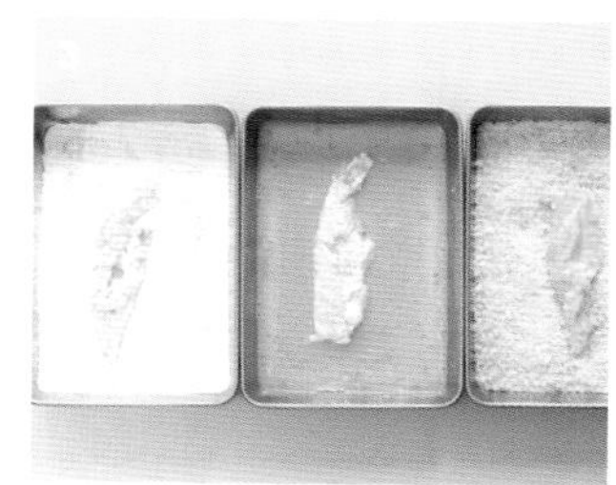

friends!

치킨 퀘사디아

패밀리레스토랑에 가게 되면 꼭 시키는 메뉴가 퀘사디아예요.
토마토 살사와 함께 곁들이면 특별한 날 상차림 메뉴로도 근사하답니다.

ingredient

- 또띠아 10인치 2장
- 닭가슴살 150g
- 토마토소스 2큰술
- 양파 1/2개
- 파프리카 1/2개
- 토마토 1/2개
- 피자치즈 1컵
- 체더치즈 2장
- 다진 마늘 1작은술
- 올리브오일 1큰술
- 소금 약간
- 후추 약간

토마토 살사

- 토마토 1개
- 다진 양파 3큰술
- 레몬즙 1큰술
- 식초 1큰술
- 꿀 1작은술
- 파슬리가루 약간

How to cook

1 닭가슴살은 깍둑썰기해 소금, 후추로 밑간한다.

2 토마토, 파프리카, 양파를 잘게 썬다.

3 팬에 오일을 두르고 닭가슴살을 먼저 볶다가 2와 토마토소스, 다진 마늘을 넣어 볶는다.

4 팬에 또띠아, 체더치즈, 3의 소스, 피자치즈 순으로 얹는다.

5 또띠아를 반 접어 치즈가 녹을 때까지 한두 번 뒤집어 바삭하게 익힌다.
→ 먹기 좋은 크기로 잘라 토마토 살사를 곁들여내세요.

카레우동

우동도 좋아하고 카레도 좋아하는 저희 아이들이 즐겨 먹는 메뉴예요. 카레의 주원료인 강황에 들어 있는 커큐민은 항암, 항산화 효과가 뛰어나답니다. 고기를 부드럽게 익혀 깊은 맛이 나는 카레우동을 만들어보세요.

- ☐ 우동 면 1개
- ☐ 불고기용 소고기 100g
- ☐ 양파 1/2개
- ☐ 고형 카레 2조각
- ☐ 쯔유 1큰술
- ☐ 물 350ml
- ☐ 식용유 적당량

How to cook

1. 양파는 채 썰고 소고기는 키친타월로 핏물을 제거한다.
2. 기름을 살짝 두른 팬에 양파와 소고기, 쯔유를 넣고 볶는다.
3. 물을 넣어 끓으면 카레를 넣고, 원하는 농도로 끓여준다.
4. 끓는 물에 익힌 우동 면을 그릇에 담아 3을 부어준다.

소고기덮밥

한 그릇으로도 영양 가득 든든한 소고기덮밥이에요. 어른도 아이도 같이 즐길 수 있는 한 그릇 뚝딱 메뉴랍니다.

ingredient

- 불고기용 소고기 250g
- 밥 1공기
- 양파 1/2개
- 달걀노른자 1알

소스

- 다시마육수 180ml
- 간장 3큰술
- 맛술 2큰술
- 설탕 1큰술
- 생강가루 약간

How to cook

1. 양파는 채 썰고, 소고기는 불고기감으로 준비한다.
2. 분량의 소스 재료를 잘 섞는다.
3. 달군 팬에 양파와 고기를 넣고 볶는다.
4. 2의 소스를 부어 센 불에 끓이면서 불순물을 걷어낸다.
5. 뚜껑을 덮고 약불에 약 15분간 조린다.
6. 노른자를 분리한 후 밥, 고기, 노른자 순으로 얹는다.
   → 취향에 따라 날달걀 대신 푼 달걀을 얹어 익혀도 좋아요.

1

2

3

4

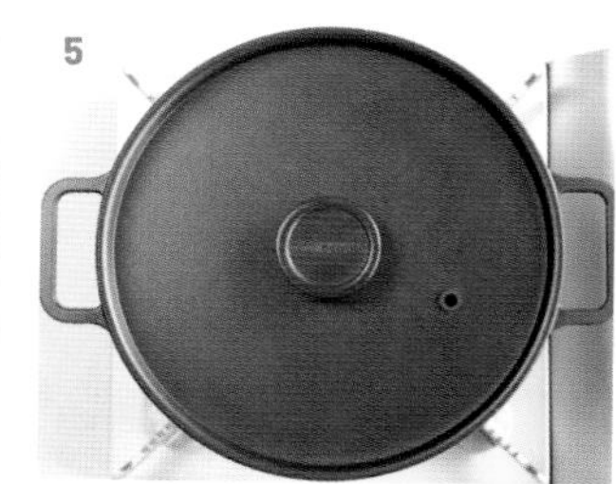
5

6

어묵 국수

추운 날 따뜻하게 먹을 수 있는 어묵 국수예요. 진한 멸치 육수 국물이 끝내주는 초간단 요리랍니다.

ingredient

- 소면 2줌(200g)
- 사각 어묵 2장
- 달걀 2개
- 대파 10cm
- 국간장 2작은술
- 소금 1꼬집
- 후추 약간
- 멸치육수 600ml

How to cook

1 대파는 송송 썰고 어묵은 길게 채 썬다.
2 소면은 3분간 끓여 찬물에 헹구고 체에 밭친다.
3 달걀을 풀어둔다.
4 멸치육수가 끓으면 국간장, 소금, 어묵을 넣어 1분간 끓인다.
5 달걀, 파, 후추를 넣고 30초간 끓인 후 불을 끈다.
6 그릇에 면을 담고 5를 부어준다.

아이가 좋아하는 엄마표 요리 100

PART 3

인기 만점
엄마표 베이킹

미니 프렌치토스트

촉촉한 달걀물에 적셔 구운 프렌치토스트는 온 가족에게 사랑받는 메뉴예요. 저는 식빵을 먹기 좋은 크기로 잘라 굽고, 바나나를 얹어주었어요. 한입에 쏙 먹기도 편하고 바나나와 시나몬의 조합이 좋아요.

ingredient

- ☐ 식빵 2장
- ☐ 바나나 1개
- ☐ 달걀 1개
- ☐ 연유 1작은술
- ☐ 우유 100ml
- ☐ 버터 1큰술
- ☐ 아몬드 슬라이스 15g
- ☐ 소금 1꼬집
- ☐ 시나몬파우더 약간
- ☐ 슈가파우더 약간

How to cook

1. 식빵은 먹기 좋게 4등분한다.
2. 우유에 달걀, 연유, 소금을 넣어 잘 섞어준다.
   → 연유 대신 꿀, 설탕도 가능해요.
3. 바나나는 0.8cm 두께로 잘라준다.
4. 달군 팬에 버터를 넣고 2에 푹 담근 식빵을 약불에 구워준다.
5. 식빵 위에 바나나를 얹어준다.
6. 시나몬파우더와 아몬드를 뿌린 후 슈가파우더를 뿌린다.

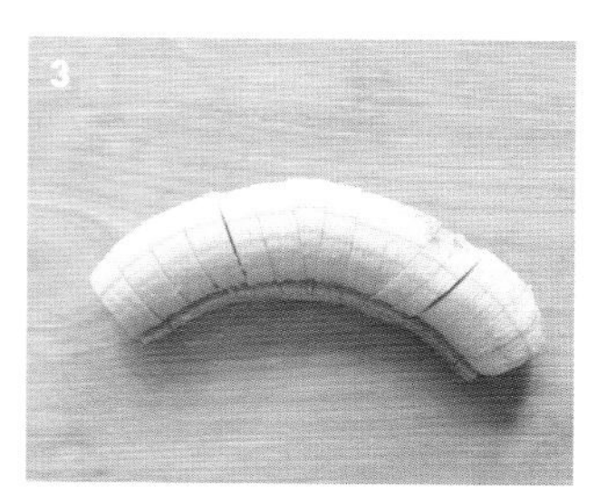

메추리알 토스트

딸이 이 메뉴를 처음 먹었을 때 미니어처 같다며 너무 좋아하더라고요.
하나씩 집어먹기 딱 좋은 사이즈라 간식, 파티 메뉴로도 좋아요.

- ☐ 식빵 3조각
- ☐ 슬라이스 치즈 1장 반
- ☐ 슬라이스 햄 1.5장
- ☐ 메추리알 6알
- ☐ 케첩 약간
- ☐ 마요네즈 약간

How to cook

1. 식빵과 치즈, 햄을 4등분하고, 메추리알을 미리 깨서 준비해둔다.
2. 식빵을 음료 뚜껑으로 꾹 눌러 메추리알 넣을 자리를 만든다.
3. 식빵을 뒤집어 한 장에는 케첩, 다른 한 장에는 마요네즈를 바르고 햄과 치즈를 올린다.
4. 다시 식빵을 덮고 메추리알을 올린다.
5. 오븐 180도에서 약 13분간 굽는다.
   → 오븐 사양이 다르니 10분 후부터는 중간중간 타지 않게 확인해주세요.

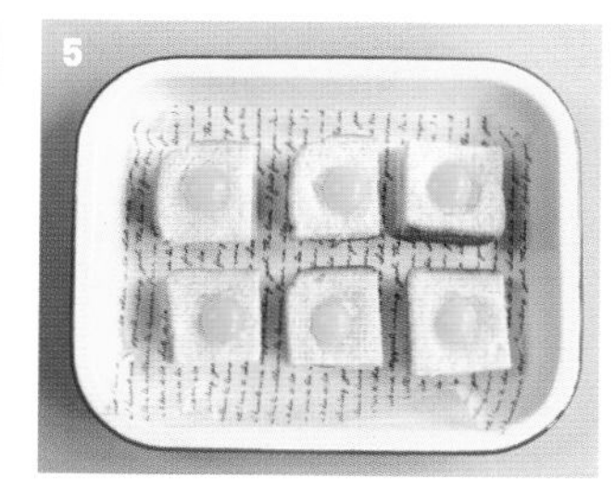

돈가스 샌드위치

엄마표 돈가스를 활용해 유명 카페 메뉴 부럽지 않은 돈가스 샌드위치를 만들어보세요.
빵 사이에 아삭한 양배추와 두툼한 돈가스가 어우러져 한 끼 든든한 메뉴랍니다.

- 돈가스 1장
- 식빵 2장
- 양배추 1/8통
- 돈가스소스 1.5큰술
- 마요네즈 1.5큰술

How to cook

1. 튀긴 돈가스 1장을 준비하고, 양배추는 얇게 채 썰어 물에 담가둔다.
   →75쪽 등심 돈가스 참고
2. 키친타월로 양배추의 물기를 꼼꼼히 제거한다.
3. 각각 식빵의 한쪽 면에 마요네즈를 바른다.
4. 한 장에는 돈가스를 올려 소스를 뿌리고 다른 한 장에는 양배추를 올린다.
5. 식빵을 겹쳐 반 자른다.

돈가스를 한 김 식힌 후 넣어야 빵이 눅눅하지 않고 돈가스도 바삭해요. 어른들은 와사비 마요네즈를 넣으면 더 맛있어요.

길거리 토스트

달걀에 양배추를 듬뿍 섞어 두툼하게 부쳐낸 길거리 토스트예요. 제가 먹고 싶은 마음에 만들어보니 아이들도 너무 잘 먹더라고요. 한 통 사면 늘 애매하게 남던 양배추였는데 이젠 그럴 일 없겠죠?

ingredient

- □ 식빵 4장
- □ 달걀 3개
- □ 치즈 2장
- □ 슬라이스 햄 4장
- □ 양배추 1/5개(약 100g)
- □ 당근 1/6개
- □ 쪽파 2줄
- □ 버터 10g
- □ 소금 1꼬집
- □ 케첩 2큰술
- □ 설탕 1작은술
- □ 식용유 적당량

How to cook

1. 양배추, 당근은 가늘게 채 썰고, 쪽파는 잘게 썰어준다.
2. 달걀에 1의 야채와 소금을 넣고 섞어준다.
3. 기름을 두른 팬에 2를 올려 중약불로 굽는다.
4. 달군 팬에 버터를 녹여 식빵을 앞뒤로 노릇하게 굽는다.
5. 슬라이스 햄을 굽는다.
6. 식빵에 치즈, 슬라이스 햄, 달걀전 순으로 얹고 케첩과 설탕을 뿌려 빵을 덮는다.

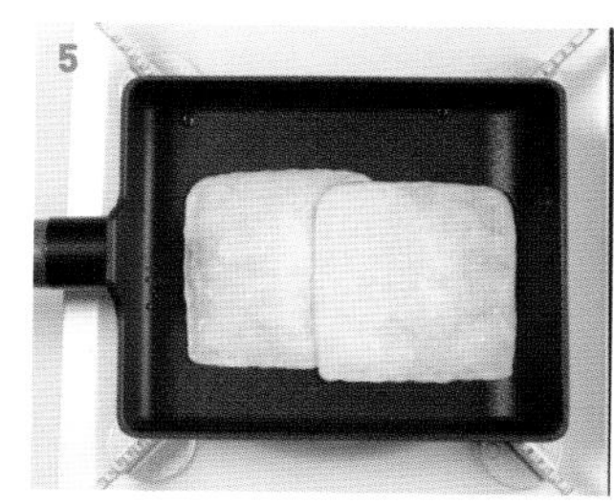

모닝빵 피자

간단하게 만들 수 있는 깜찍한 모닝빵 피자예요. 톡톡 씹히는 옥수수와 햄을 넣어서 아이들이 정말 잘 먹는답니다.

ingredient

- ☐ 모닝빵 3개
- ☐ 비엔나소시지 3개
- ☐ 모차렐라 슬라이스 치즈 50g
- ☐ 캔 옥수수 2큰술
- ☐ 케첩 2큰술
- ☐ 파슬리가루 약간

How to cook

1. 소시지를 반으로 자르고 캔 옥수수를 준비한다.
   → 소시지는 뜨거운 물에 한 번 데쳐 사용해요.
2. 모닝빵 윗면에 +자 모양으로 칼집을 낸다.
3. 빵 윗면을 손으로 눌러준다.
4. 케첩, 옥수수, 소시지 순으로 넣어 속을 채운다.
5. 치즈를 얹어 전자레인지에 약 2분간 돌린 후 파슬리가루를 뿌린다.
   → 너무 오래 익히면 빵 겉면이 딱딱해지니 치즈가 녹을 정도로만 익혀주세요.

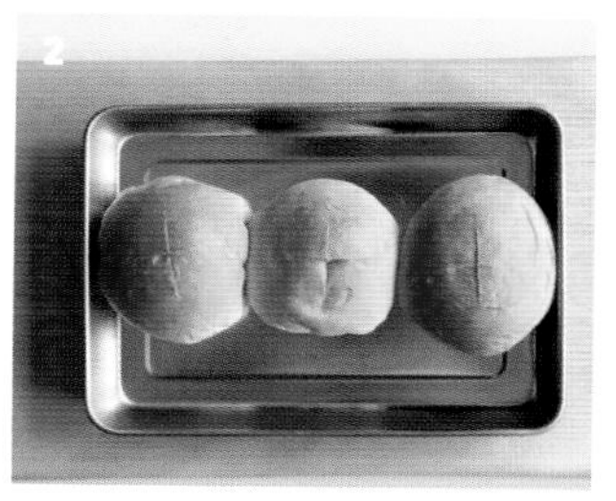

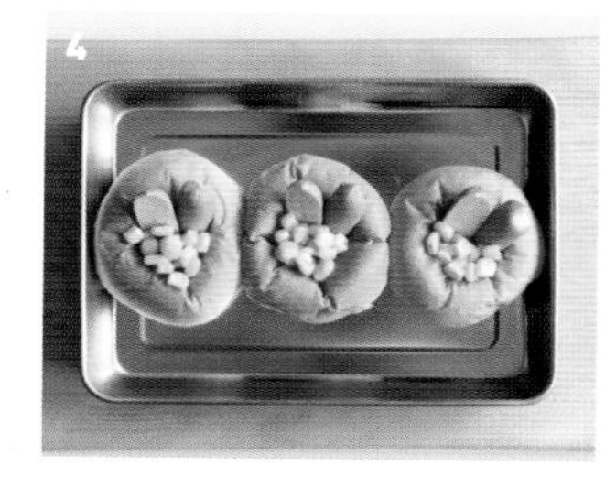

미니 핫도그

길거리 음식의 대표 주자인 핫도그를 한입 크기로 만들어보세요. 부드러운 핫케이크가루 반죽을 입히고 빵가루를 묻혀 에어프라이어로 조리하면 금세 완성된답니다.

- ☐ 비엔나소시지 20개
- ☐ 핫케이크가루 200g
- ☐ 달걀 1개
- ☐ 우유 1/2컵(80ml)
- ☐ 빵가루 1/2컵
- ☐ 나무 꼬치 20개
- ☐ 식용유 적당량

How to cook

1. 뜨거운 물에 데친 소시지를 꼬치에 꽂아준다.
2. 핫케이크가루에 달걀과 우유를 넣고 잘 섞어준다.
3. 소시지에 2의 반죽을 묻힌 후 빵가루를 입혀준다.
4. 오일을 뿌린 후 에어프라이어 180도에서 6분, 뒤집어 4분 더 익혀준다.

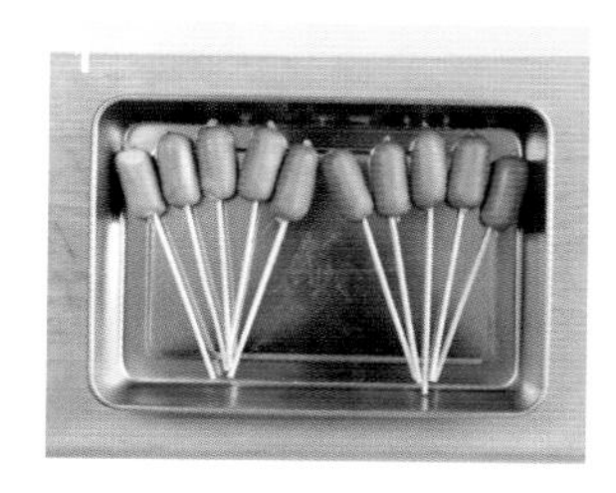

나무 꼬치는 끓는 물에 한 번 데쳐서 사용하면 훨씬 위생적이에요. 물기가 있는 상태로 에어프라이어에 조리하면 꼬치가 타지 않아요.

달걀빵

달걀 하나가 통째로 들어가기 때문에 한 끼 식사로도 손색없는 든든한 메뉴랍니다.
머핀 틀이 없다면 종이컵을 활용해도 좋아요.

- ☐ 달걀 6개+1개(반죽용)
- ☐ 핫케이크가루 200g
- ☐ 우유 100ml
- ☐ 슬라이스 햄 2개
- ☐ 피자치즈 1/2컵
- ☐ 녹인 버터 1큰술
- ☐ 소금 약간

How to cook

1. 달걀 1개, 핫케이크가루, 우유를 섞는다.
2. 슬라이스 햄은 4등분한다.
3. 머핀 틀 안쪽에 녹인 버터를 골고루 발라준다.
4. 틀에 반죽을 1/3까지 넣은 후 햄을 한 장씩 얹어준다.
5. 달걀을 넣고 소금을 뿌린 뒤 노른자를 포크로 찔러준다.
6. 남은 반죽을 채워주고 피자치즈를 얹어 에어프라이어 170도에서 약 10분간 구워준다.
   → 에어프라이어 사양에 따라 달걀이 타는지 중간중간 확인해주세요.

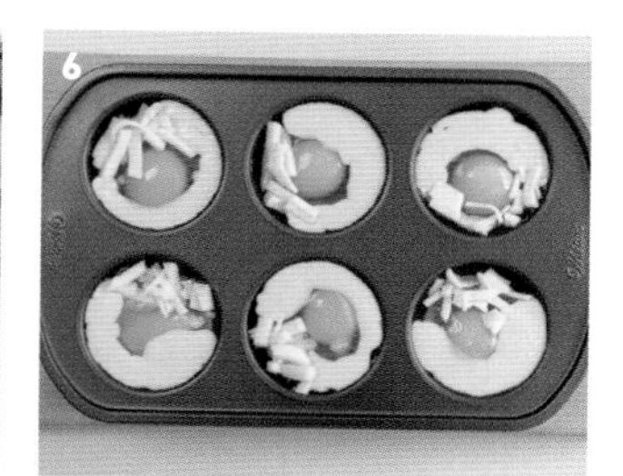

달걀 샌드위치

일본 여행 때 먹어본 타마고산도가 너무 맛있어서 집에서 만들어보았답니다.
달달하고 부드러운 달걀말이를 넣어 아이들도 참 좋아하는 메뉴예요.

ingredient

- 달걀 4개
- 식빵 2장
- 우유 2큰술
- 쯔유 1큰술
- 맛술 1큰술
- 설탕 1큰술
- 마요네즈 1큰술
- 허니머스터드소스 1큰술
- 소금 1꼬집

How to cook

1. 달걀 4개를 준비한다.
2. 우유, 쯔유, 맛술, 설탕, 소금을 넣고 잘 섞어준다.
3. 체에 내려준다.
4. 약불에 달걀말이를 천천히 말아준다.
5. 식빵 한 장에는 마요네즈, 다른 한 장에는 허니머스터드소스를 바른 후 달걀말이를 올려준다.
6. 달걀말이 크기에 맞게 식빵의 남는 부분을 잘라준다.

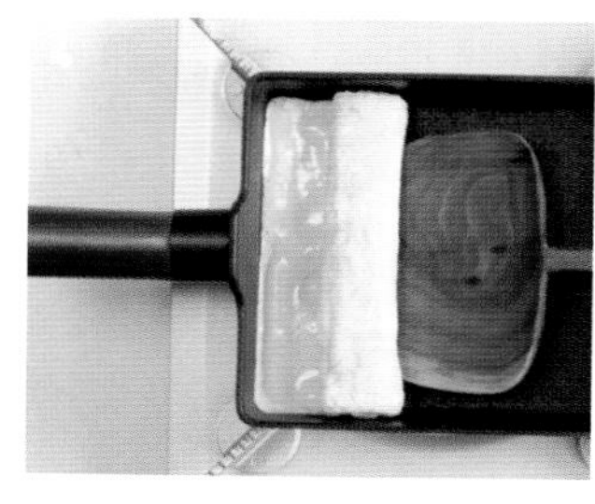

애플파이

달달한 게 생각날 때 만들어두면 아이들 간식으로도, 엄마의 티 푸드로도 좋은 애플파이예요.
아삭한 사과도 맛있지만 시나몬파우더를 넣어 조린 사과도 참 맛있답니다.

- ☐ 식빵 3장
- ☐ 사과 1개
- ☐ 흑설탕 2큰술
- ☐ 시나몬파우더 1작은술
- ☐ 버터 1큰술
- ☐ 달걀 1개
- ☐ 녹인 버터 1큰술

How to cook

1. 식빵을 밀대로 민 후 테두리를 잘라준다.
2. 사과를 잘게 자른다.
3. 달군 팬에 버터 1큰술을 넣고 사과, 흑설탕, 시나몬파우더를 넣어 중약불에 볶는다.
4. 식빵에 조린 사과를 넣고 테두리에 달걀물을 발라 반을 접는다.
5. 포크로 눌러가며 테두리를 붙여준다.
6. 녹인 버터를 식빵에 바르고 에어프라이어 180도에서 6분간 구워준다.

사과는 원하는 식감에 맞게 졸여 주세요. 약불로 뭉근히 오래 익히면 잼이 돼요.

바나나피자

바나나와 누텔라 조합으로 만든 피자를 소개할게요.
또띠아의 바삭함과 바나나의 달콤함, 치즈의 고소함을 같이 느낄 수 있는 메뉴랍니다.

- □ 또띠아 10인치 1장
- □ 바나나 1개
- □ 아몬드 슬라이스 15g
- □ 누텔라 1큰술
- □ 피자치즈 100g

How to cook

1. 바나나를 먹기 좋은 두께로 썰고, 누텔라를 준비한다.
2. 또띠아의 가운데에 누텔라를 얇게 펴 바른다.
3. 피자치즈를 뿌려준다.
4. 바나나를 얹고, 아몬드를 듬성듬성 뿌려준다.
5. 오븐 180도에서 약 6분간 굽는다.
   → 아몬드가 타지 않게 중간중간 확인해주세요.

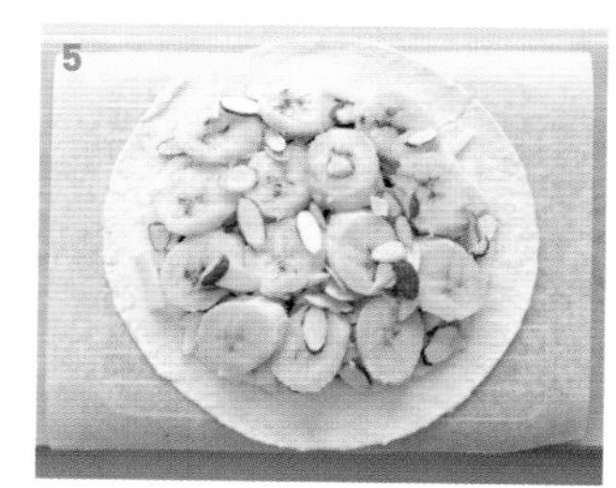

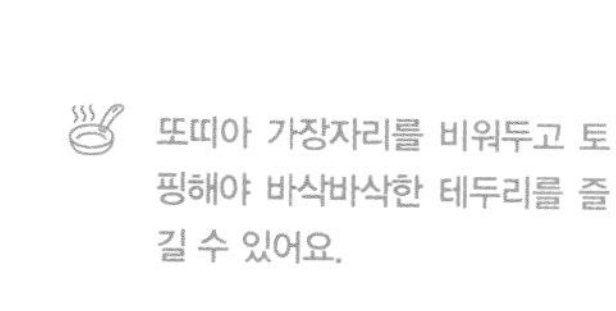
또띠아 가장자리를 비워두고 토핑해야 바삭바삭한 테두리를 즐길 수 있어요.

에그롤 토스트

부드러운 달걀 샐러드와 베이컨의 조화가 맛있는 에그롤 토스트예요.
식빵을 밀고, 달걀을 으깨고, 베이컨을 돌돌 마는 과정이 재밌어서 아이들이랑 함께 만들어도 좋을 것 같아요.

ingredient

- 식빵 2장
- 베이컨 2줄
- 삶은 달걀 1개
- 마요네즈 1큰술
- 설탕 0.5작은술
- 소금 약간
- 후추 약간

How to cook

1. 식빵을 밀대로 납작하게 민 후 테두리를 잘라낸다.
2. 삶은 달걀에 마요네즈, 설탕, 소금, 후추를 넣는다.
3. 재료가 잘 섞이도록 으깨준다.
4. 식빵에 3을 넣어 돌돌 말아준다.
5. 베이컨을 깔아 어슷하게 말아준다.
6. 에어프라이어 180도에서 5분, 뒤집어 5분 더 노릇하게 굽는다.
   → 베이컨 말린 끝부분을 아래로 놓아야 풀리지 않고 예쁘게 구워져요.

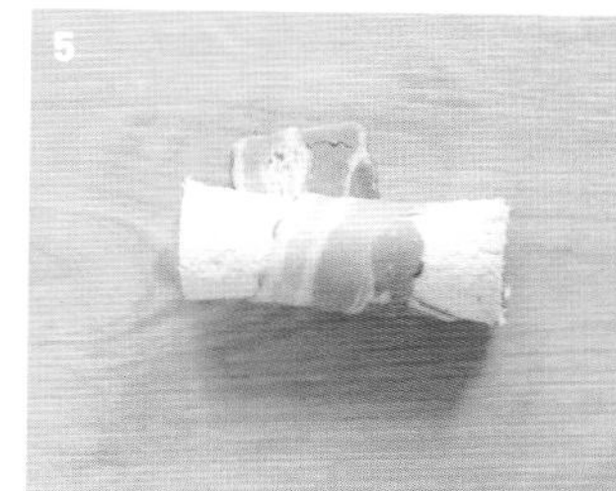

오이 샌드위치

샌드위치에는 치즈와 햄이 들어가야 한다는 생각을 바꿔준 오이 샌드위치예요.
상큼하고 아삭한 식감에 한입 베어 물면 기분까지 상쾌해진답니다.

- ☐ 오이 1개
- ☐ 식빵 4장
- ☐ 크림치즈 2큰술
- ☐ 마요네즈 2큰술
- ☐ 소금 약간

1. 오이를 반 자른 후 필러로 얇게 썰어준다.
2. 식빵 한 장엔 마요네즈, 다른 한 장에는 크림치즈를 펴 바른다.
3. 오이를 넉넉히 올린 후 소금을 약간 뿌려준다.
4. 식빵을 덮고 먹기 좋은 크기로 자른다.

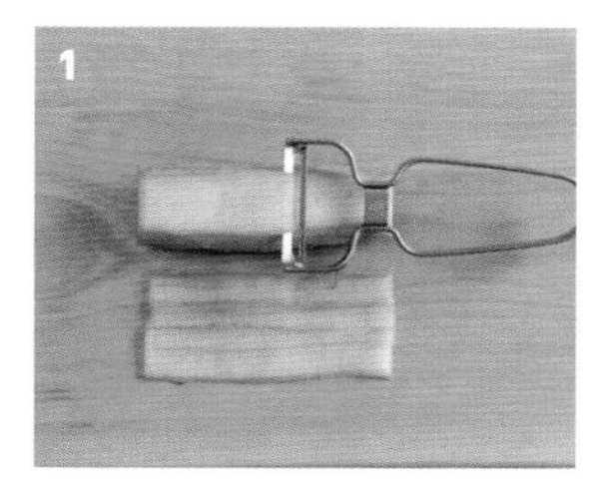

도시락으로 만들 경우 오이를 소금에 절여서 물기를 제거한 후 만들어주세요.

Wilton
Wilton

크랜베리 머핀

새콤달콤 크랜베리는 눈에 좋은 안토시안이 풍부해서 '눈을 위한 빨간 보석'이라고 하죠.
핫케이크가루로 쉽게 만드는 크랜베리 머핀 레시피를 소개할게요.

- ☐ 핫케이크가루 250g
- ☐ 달걀 1개
- ☐ 우유 100ml
- ☐ 설탕 1작은술
- ☐ 크랜베리 1/2컵
- ☐ 아몬드 슬라이스 1/2컵

How to cook

1. 핫케이크가루에 분량의 재료들을 다 넣어 잘 섞어준다.
   → **이때 토핑용 크랜베리와 아몬드를 조금 남겨둡니다.**
2. 위생 비닐에 반죽을 넣어 한쪽 모서리를 조금 자른다.
3. 머핀 틀에 유산지를 깔고 반죽을 짜준다.
4. 크랜베리와 아몬드를 올려 오븐 180도에서 15분간 굽는다.

바람개비 토스트

요리를 좋아하는 저를 닮아 아이들도 함께 요리하는 걸 좋아해요.
만드는 재미도 있고, 불을 사용하지 않아 안심인 바람개비 토스트를 아이와 함께 만들어보세요.

- 식빵 2장
- 이쑤시개 1개
- 카야잼 1큰술
- 딸기잼 1큰술

How to cook

1. 밀대로 식빵을 얇게 밀어준다.
2. 테두리를 잘라준다.
3. 가운데를 남기고 X자 모양으로 양끝에 칼집을 넣어준다.
4. 바람개비 모양으로 접어 반을 자른 후 이쑤시개로 고정한다.
5. 에어프라이어 180도에서 5분간 돌린다.
6. 바람개비 날개 부분에 잼을 발라준다.

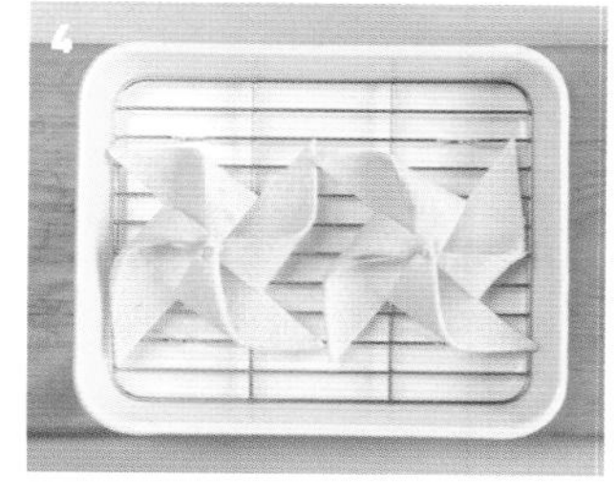

햄치즈 파니니

이탈리아식 샌드위치인 파니니는 원래 아침 혹은 오후 간식으로 즐기던 요리였다고 해요.
저는 햄, 치즈를 넣어 만들었지만 불고기, 버섯, 토마토 등을 넣어 다양한 파니니를 만들 수 있어요.

ingredient

- 식빵 2장
- 슬라이스 햄 2장
- 슬라이스 치즈 1장
- 딸기잼 1큰술

How to cook

1. 식빵 한 장에 딸기잼을 펴 바른다.
2. 다른 한 장에 슬라이스 햄, 치즈 순으로 올린다.
3. 빵을 덮고 파니니 메이커에 넣어 굽는다.
4. 사선으로 자른다.

파니니 메이커가 없으면 그릴 팬에 샌드위치를 놓고 뚜껑으로 눌러 그릴 자국을 내주세요.

시나몬롤

영화 〈카모메 식당〉에 나왔던 시나몬롤을 간단하게 호떡믹스를 활용해 만들었어요.
빵 굽는 동안 솔솔 풍기는 시나몬 냄새가 참 좋아요.

- ☐ 시판 호떡믹스 키트 1팩
- ☐ 우유 180ml
- ☐ 달걀노른자 1알

1. 시판 호떡믹스와 동봉된 건조 이트스를 섞고, 우유(또는 물)를 섞는다.
2. 꼼꼼하게 치댄 후 30분 이상 발효시킨다.
3. 밀대로 납작하게 밀어준다.
   → 밀가루를 솔솔 뿌리면서 펴주면 수월해요.
4. 호떡믹스 속 재료 1봉지를 반죽 위에 골고루 뿌리고 돌돌 말아준다.
5. 적당한 크기로 자르고 젓가락으로 가운데를 눌러 모양을 내준다.
6. 윗부분에 달걀물을 얇게 발라 오븐 180도에서 약 10분간 굽는다.

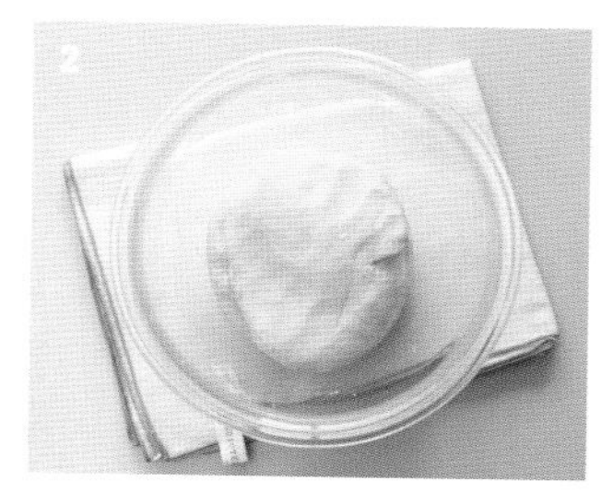

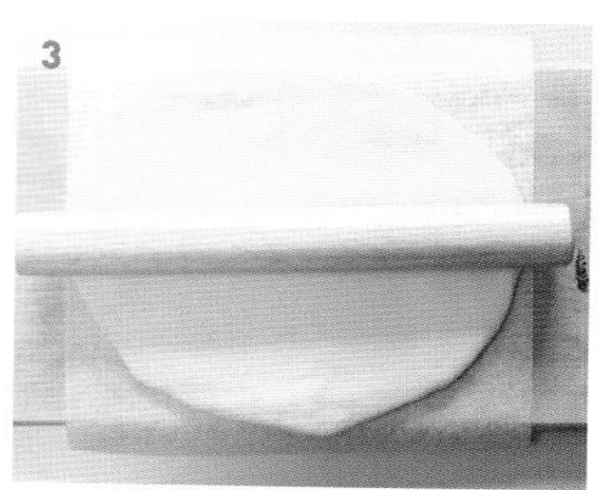

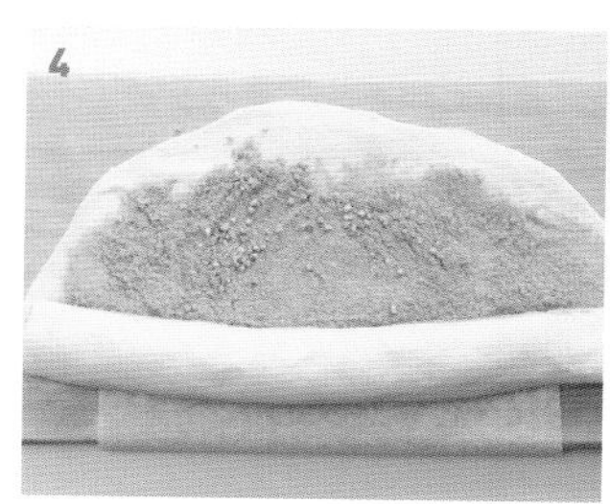

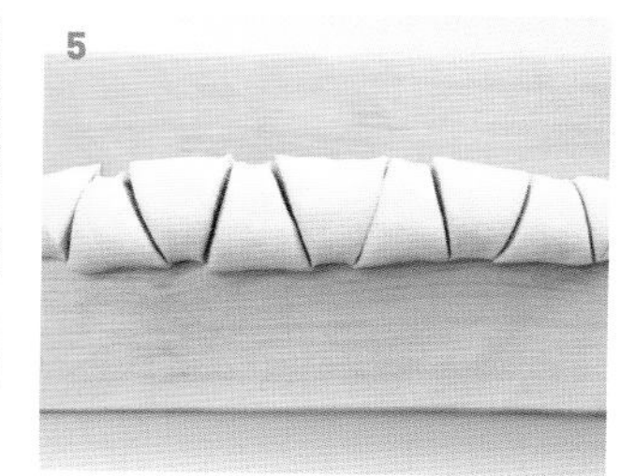

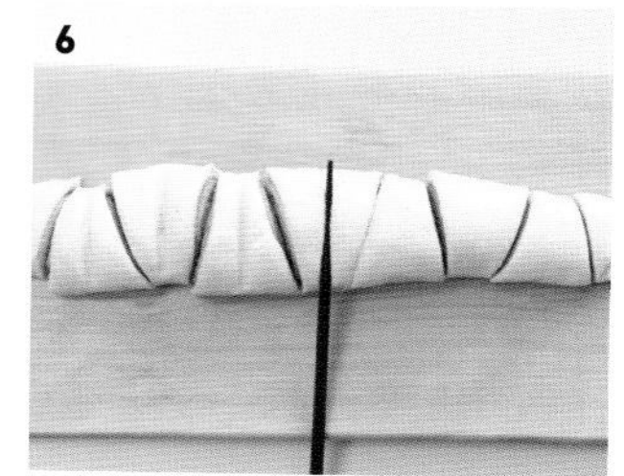

딸기잼 파이

딸기잼과 식빵만으로 간단히 만들 수 있는 딸기잼 파이예요. 시판 과자 중에 프렌치 파이랑 비슷한 느낌이죠?
쿠키 틀이 있다면 다양한 모양으로 찍어서 만들어도 좋아요.

- □ 식빵 4장
- □ 딸기잼 3큰술

1. 식빵을 밀대로 얇게 밀어준다.
2. 식빵 테두리를 자른다.
3. 식빵을 반으로 자르고, 반은 가운데에 네모로 구멍을 내준다.
4. 나머지 식빵에는 딸기잼을 발라준다.
5. 구멍 낸 빵을 잼 바른 빵 위에 얹어준다.
6. 에어프라이어 180도에서 5분간 돌린다.

밀대가 없을 경우 컵을 눕혀서 밀어주세요.

그래놀라 토스트

고소하고 바삭한 그래놀라를 이용해서 토스트를 만들어보았어요.
우유에 말아도 맛있지만 토스트로 만들면 훨씬 든든해서 아침식사로도 좋답니다.

- 식빵 2개
- 그래놀라 1/2컵
- 아몬드 슬라이스 15g
- 피자치즈 1/2컵
- 설탕 1큰술
- 시나몬파우더 1작은술

How to cook

1. 식빵, 그래놀라, 아몬드를 준비하고 설탕과 시나몬파우더는 잘 섞어준다.
2. 식빵 위에 피자치즈를 얹어준다.
3. 그래놀라와 아몬드를 얹고 설탕과 시나몬파우더를 뿌려준다.
4. 피자치즈를 가운데에 살짝 더 얹어 에어프라이어 180도에서 4분간 돌려준다.
5. 먹기 편하게 사선으로 잘라준다.

사라다 빵

으깬 감자와 달걀로 속을 꽉 채워 만들어 든든하고 건강한 메뉴예요. 이 메뉴의 포인트는 소금에 절인 오이랍니다.
부드러운 재료들 속에서 아삭하게 씹히는 오이 맛이 상큼해요.

ingredient

- □ 모닝 빵 6개
- □ 감자(작은 것) 3개
- □ 달걀 3개
- □ 오이 1/2개
- □ 양파 1/4개
- □ 당근 1/5개
- □ 햄 80g
- □ 마요네즈 5큰술
- □ 설탕 1작은술
- □ 소금 약간
- □ 후추 약간

오이 절임

- □ 물 2큰술
- □ 소금 0.5큰술

달걀 삶을 때

- □ 식초 1작은술
- □ 굵은 소금 1작은술

How to cook

1. 감자는 끓는 물에 뚜껑을 덮고 약 20분간 삶는다.
2. 끓는 물에 소금, 식초를 넣고 달걀을 10분간 삶는다.
3. 햄, 양파, 당근은 다지고 오이는 반달 모양으로 슬라이스한다.
4. 오이에 물, 소금을 넣어 절인 후 손으로 물기를 꼭 짜낸다.
5. 삶은 감자는 뜨거울 때 으깨고, 한 김 식으면 찐 달걀을 넣고 같이 으깨준다.
6. 모든 재료에 마요네즈, 설탕, 소금, 후추를 넣어 잘 섞어준다.
7. 모닝 빵은 끝부분을 살짝 남기고 반으로 갈라 속을 채운다.

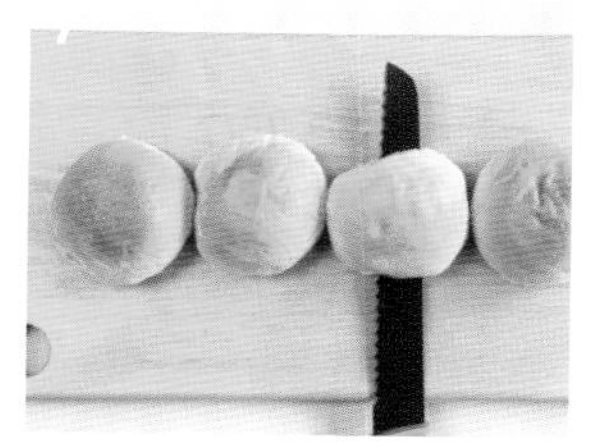

아이가 좋아하는 엄마표 요리 100

PART 4

영양 듬뿍 홈메이드 **한 그릇 요리**

목살 스테이크

달달한 소스, 고소한 육즙, 신선한 샐러드와 화룡점정 달걀프라이를 얹은 목살 스테이크예요.
비주얼뿐만 아니라 맛, 영양, 푸짐함을 모두 갖춘 요리랍니다.

- □ 돼지고기 목살 400g
- □ 마늘 5알
- □ 달걀 1개
- □ 방울토마토 취향껏
- □ 올리브오일 적당량

돼지고기 밑간

- □ 맛술 1큰술
- □ 다진 마늘 0.5큰술
- □ 로즈메리 2줄기
- □ 소금 약간
- □ 후추 약간

소스

- □ 간장 1큰술
- □ 맛술 2큰술
- □ 올리고당 2큰술
- □ 굴소스 0.5큰술
- □ 물 80g
- □ 후추 약간

How to cook

1. 칼등으로 두드려 부드러워진 돼지고기에 밑간 재료를 바르고 10분간 둔다.
2. 소스 재료를 골고루 섞고, 마늘은 편 썰어둔다.
3. 오일 두른 팬에 마늘을 넣어 향을 내고, 고기는 센 불에 1분씩 뒤집어 굽는다.
4. 2의 소스를 반만 넣고 중불에 익힌다.
5. 남은 소스를 넣고 약불로 조린다.
6. 방울토마토와 달걀프라이를 취향껏 익혀서 플레이팅 한다.

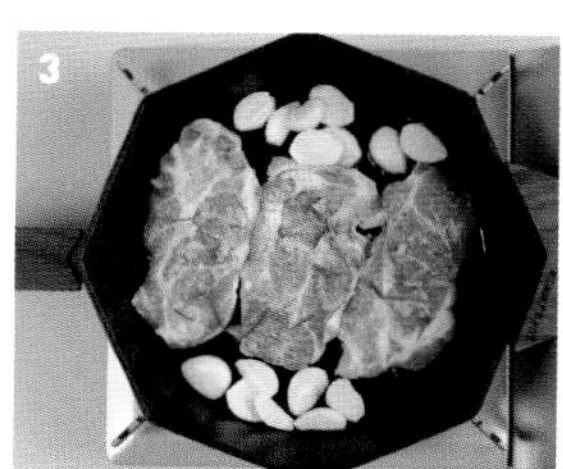

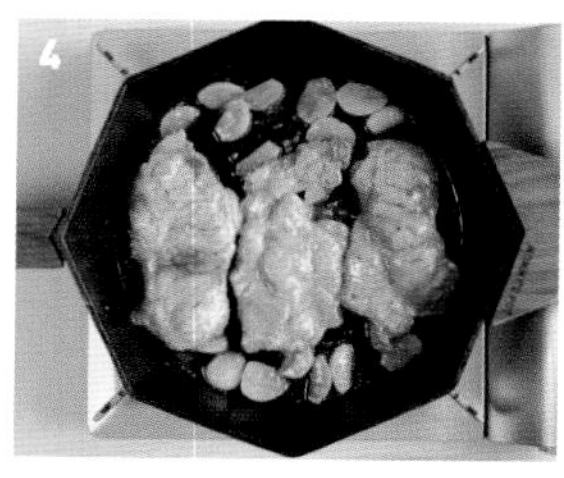

궁중 떡볶이

매운맛에 익숙지 않은 아이들이 맛있게 먹을 수 있는 간장 떡볶이예요.
굳은 떡을 끓는 물에 데쳐 유장에 버무려 볶아 먹는 우리나라 전통 음식이랍니다.

- ☐ 떡 150g
- ☐ 불고기용 소고기 100g
- ☐ 표고버섯 1개
- ☐ 양파 1/4개
- ☐ 당근 1/6개
- ☐ 깨 약간
- ☐ 참기름 적당량

떡 양념

- ☐ 간장 1작은술
- ☐ 올리고당 1작은술
- ☐ 참기름 1작은술

소고기 양념

- ☐ 간장 1큰술
- ☐ 설탕 1/2큰술
- ☐ 참기름 1작은술
- ☐ 다진 마늘 1작은술
- ☐ 후추 약간

How to cook

1. 표고버섯, 당근, 양파를 채 썬다.
2. 떡과 고기를 분량의 양념에 약 15분간 재워둔다.
   → 냉장 보관된 굳은 떡은 끓는 물에 데쳐 말랑한 상태로 양념해요.
3. 달군 팬에 참기름을 두르고 고기와 야채를 넣어 볶는다.
4. 고기가 거의 익으면 떡을 넣어 볶아준 후 통깨를 뿌린다.

까르보 우동

삶는 데 시간이 걸리는 파스타 면 대신 우동 면으로 간단히 만드는 까르보 우동이에요.
고소하고 진한 크림소스와 쫄깃한 우동 면의 조합이 아이들 입맛에도 딱이랍니다.

ingredient

- ☐ 우동 면 1봉지
- ☐ 베이컨 2줄
- ☐ 달걀노른자 1개
- ☐ 생크림 100ml
- ☐ 우유 100ml
- ☐ 양파 1/4개
- ☐ 데친 브로콜리 30g
- ☐ 마늘 5알
- ☐ 소금 약간
- ☐ 후추 약간
- ☐ 올리브오일 2큰술

How to cook

1 양파, 베이컨, 데친 브로콜리, 마늘을 적당한 크기로 썬다.
2 끓는 물에 우동 면이 풀어질 정도로만 살짝 익힌다.
3 올리브오일에 마늘을 노릇해질 때까지 볶아서 향을 낸다.
4 양파, 베이컨에 소금, 후추를 넣어 볶는다.
5 우유와 생크림을 넣어 끓기 시작하면 우동 면을 넣는다.
6 데친 브로콜리를 넣고 원하는 농도로 끓여준다.
→ 달걀노른자를 얹어 뜨거울 때 섞어 먹어요.

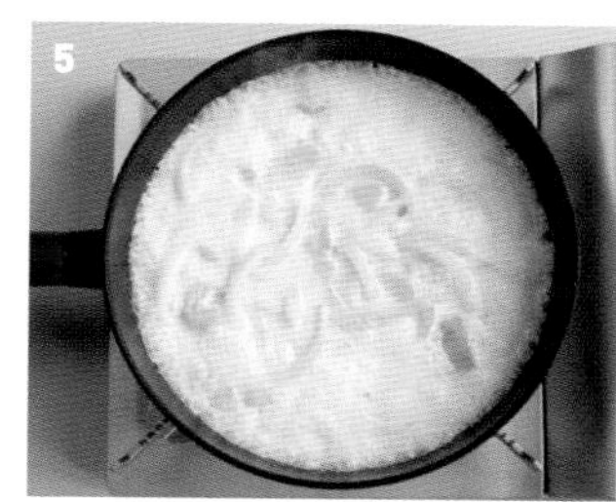

닭한마리

계절에 상관없이 보양음식으로 사랑받는 식재료는 닭인 것 같아요. 삼계탕은 재료 손질도 번거롭고 시간도 오래 걸리는데, 이 레시피는 쉽고 빠르게 깊은 맛을 낼 수 있어요. 남은 국물에 칼국수를 넣어 드시는 것 잊지 마세요.

ingredient

- 볶음탕용 닭 800g
- 감자 2개
- 대파 1대
- 양파 1/2개
- 마늘 8~10알
- 소금 1작은술
- 맛술 2큰술
- 통후추 5알

How to cook

1 감자, 대파, 양파는 큼지막하게 썰고, 마늘도 함께 준비한다.

2 닭은 뼈에 붙은 핏덩이와 지방을 떼어내 손질한다.

3 끓는 물에 맛술을 넣어 닭을 5분간 끓여낸 후 찬물에 헹궈 불순물을 씻어낸다.

4 준비된 재료가 모두 잠길 만큼 물을 붓고 소금, 후추를 넣어 끓기 시작하면 약불로 낮춰 30~40분간 익힌다.

→ 중간중간 뚜껑을 열어가며 떠오르는 불순물을 걷어내주세요.

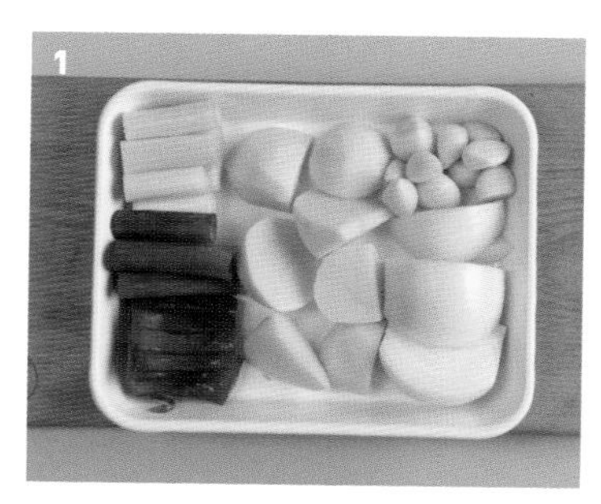

마늘 수육

부드러운 수육은 남녀노소 누구나 좋아하는 음식이지요. 보쌈김치 대신 꿀을 넣은 마늘 소스를 곁들여보세요. 살코기가 많은 담백한 앞다리살로 만들면 아이들이랑 먹기 좋아요.

ingredient

- □ 돼지고기 수육용 앞다리살 600g
- □ 양파 1/2개
- □ 대파 2대
- □ 마늘 5알
- □ 월계수잎 3장
- □ 된장 1큰술
- □ 맛술 1큰술
- □ 굵은 소금 1꼬집
- □ 통후추 5알

돼지고기 밑간

- □ 소금 약간
- □ 후추 약간

마늘소스

- □ 식용유 1큰술
- □ 다진 마늘 3큰술
- □ 꿀 4큰술

How to cook

1. 돼지고기에 소금, 후추를 뿌려 밑간한다.
2. 대파는 적당한 길이로 자르고, 양파와 마늘은 통으로 준비한다.
3. 고기가 잠길 정도의 물을 붓고 2의 재료와 된장, 맛술, 굵은 소금, 통후추, 월계수잎을 넣는다.
4. 끓으면 불을 줄이고 약불에 1시간 정도 익힌다.
5. 식용유에 다진 마늘을 넣고 볶다가 노릇하게 익으면 불을 줄이고, 꿀을 넣고 저어서 마늘소스를 만들어 곁들인다.
   → 취향에 따라 마늘과 꿀의 양을 조절해주세요.

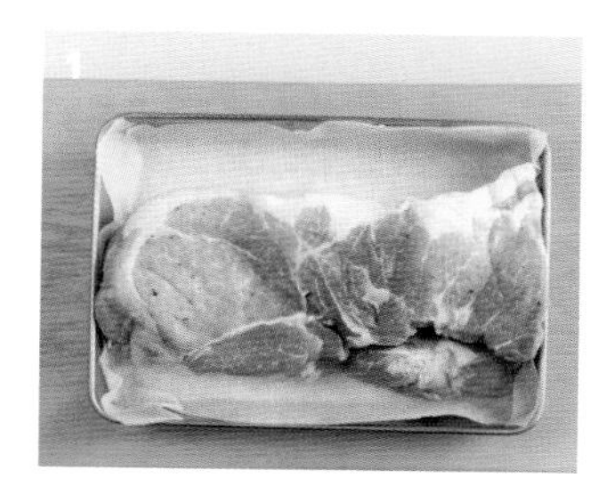

닭고기덮밥

쫄깃한 닭다리살을 사용해 담백하게 즐길 수 있는 닭고기덮밥이에요.
소고기나 돼지고기에 비해 칼로리도 낮고 고단백 식품이라 아이들 영양식으로도 좋답니다.

- 닭다리살 300g
- 양파 1/2개
- 대파 1/2대
- 달걀 2개
- 간장 1큰술
- 설탕 1큰술
- 다진 마늘 1큰술
- 맛술 1큰술
- 밥 1공기
- 소금 약간
- 후추 약간

How to cook

1. 닭다리살은 소금, 후추, 맛술에 약 15분간 재워두고, 달걀은 풀어둔다
2. 양파는 채 썰고 대파는 어슷하게 썬다.
3. 양파, 대파, 닭다리살을 넣어 볶는다.
4. 분량의 간장, 설탕, 다진 마늘을 넣고 양념이 잘 배도록 중불로 볶는다.
5. 닭고기가 익으면 달걀물을 붓고 약불에 1분간 익힌 후 밥 위에 얹어낸다.
   → 달걀물을 부은 채로 휘젓지 않아야 깔끔하게 완성돼요.

DESIGN ADDICTE

간장비빔국수

저희 아이들은 이유식 할 때부터 면을 참 좋아했어요. 입맛 없는 날, 간장소스로 휘릭 무쳐내면 금방 한 그릇 뚝딱 하더라고요. 호박, 당근은 냉장고 단골 재료라 부담 없이 언제든 해먹을 수 있어요.

ingredient

- ☐ 소면 2줌
- ☐ 양파 1/2개
- ☐ 당근 1/5개
- ☐ 애호박 1/3개

비빔 양념

- ☐ 간장 2큰술
- ☐ 설탕 1큰술
- ☐ 다진 마늘 1/2큰술
- ☐ 참기름 1큰술
- ☐ 깨소금 1큰술

How to cook

1. 양파, 당근, 애호박을 채 썬다.
2. 비빔 양념 재료를 섞어둔다.
3. 끓는 물에 국수를 넣고 약 3~4분간 삶은 후 찬물에 면을 헹군다.
   → 국수 봉지 뒷면에 적힌 시간만큼 삶아주세요.
4. 1의 야채를 볶는다.
5. 볶아둔 야채와 면에 소스를 조금씩 넣어가며 입맛에 맞게 비벼준다.

1

2

3

4

5

야키소바

양배추를 한 통 사면 꼭 남게 되는데요. 그럴 때 해먹기 좋은 야키소바예요.
양파랑 양배추는 볶을수록 단맛이 나서 볶음 메뉴로 참 좋더라고요.

ingredient

- ☐ 야키소바 면 (우동 면 가능) 1개
- ☐ 양배추 100g
- ☐ 양파 1/4개
- ☐ 당근 1/5개
- ☐ 다진 마늘 1작은술
- ☐ 베이컨 2줄
- ☐ 달걀 1개
- ☐ 식용유 적당량

소스

- ☐ 우스터소스 1큰술
- ☐ 간장 1/2큰술
- ☐ 굴소스 1/2큰술
- ☐ 설탕 1작은술
- ☐ 물 1큰술

How to cook

1. 양배추, 양파, 당근, 베이컨을 먹기 좋게 썰어둔다.
2. 소스 재료를 잘 섞는다.
3. 달군 팬에 기름을 두르고 1의 야채와 다진 마늘을 넣어 센 불에 빠르게 볶아준다.
4. 야채가 반쯤 익으면 중약불에 면과 소스를 넣고 면을 살살 풀어주며 볶는다.
5. 야키소바를 그릇에 담고 달걀프라이를 얹어준다.

미소 참치죽

바쁜 아침 혹은 아이가 아플 때 따뜻한 죽 한 그릇이면 속이 편하고 든든해지죠.
재료가 마땅치 않을 때 미소된장과 참치 캔으로 간단히 끓여보세요.

- ☐ 쌀 80g
- ☐ 물(육수) 600ml
- ☐ 참치 캔(150g) 1캔
- ☐ 미소 된장 1큰술
- ☐ 당근 1/5개
- ☐ 양파 1/4개
- ☐ 부추 20g

How to cook

1. 쌀은 30분 이상 불리고, 참치에는 뜨거운 물을 부어 불순물을 제거한다.
2. 부추, 당근, 양파를 다진다.
3. 물에 미소 된장을 풀고 불린 쌀을 넣어 저어가며 끓인다.
   → 불린 쌀 대신 찬밥을 활용해도 괜찮아요.
4. 쌀이 퍼지기 시작하면 양파, 당근, 참치를 넣어 푹 끓인다.
5. 다 익으면 마지막에 부추를 넣고 저어준다.

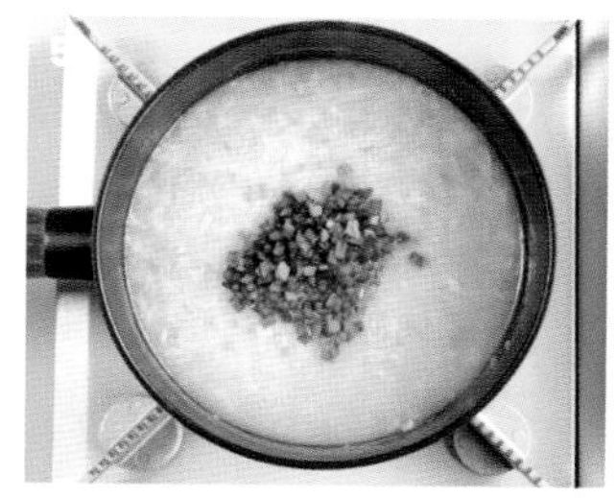

미소 된장은 구입해두면 뜨거운 물에 풀어서 볶음밥, 덮밥 등에 곁들이기 좋아요.

새우볶음밥

새우, 대파, 달걀 세 가지 간단한 재료로 만드는 중화풍 볶음밥이에요. 이 메뉴의 포인트는 팬 가장자리에 간장을 둘러 빠르게 볶아주는 거예요. 대파를 볶아 은은한 파 향을 내는 것도 잊지 마세요.

- ☐ 새우(큰 것) 7마리
- ☐ 대파 1/2대
- ☐ 달걀 2개
- ☐ 간장 1큰술
- ☐ 참기름 1작은술
- ☐ 밥 1공기
- ☐ 통깨 약간
- ☐ 식용유 적당량

How to cook

1. 대파를 썰어 새우와 함께 준비하고, 달걀 2개는 풀어둔다.
2. 기름을 두르고 대파를 넣어 향이 올라오게 볶는다.
3. 새우를 넣어 볶는다.
4. 새우를 팬 가장자리로 밀고, 달걀을 넣어 스크램블 한다.
5. 밥을 넣고 팬 가장자리에 간장을 둘러 빠르게 볶아준 후 참기름, 통깨를 뿌린다.

오목한 국그릇에 새우를 먼저 깔고 볶음밥을 눌러 담은 후 그릇을 뒤집으면 예쁘게 담아낼 수 있어요.

묵은지말이

입맛 없을 때 만들어두면 개운한 맛에 자꾸 손이 가는 묵은지말이예요. 김치를 씻어서 만들기 때문에 매운 맛에 익숙하지 않은 아이들도 먹을 수 있는 메뉴랍니다. 염도를 낮춘 견과류 쌈장도 함께 곁들여보세요.

ingredient

- 묵은지 1/2포기
- 설탕 1작은술
- 참기름(혹은 들기름) 1큰술

밥 양념

- 밥 2공기
- 참기름 1/2큰술
- 통깨 1작은술

견과류 쌈장

- 쌈장 250g
- 다진 견과류 100g
- 다진 마늘 1큰술
- 참기름 1큰술
- 매실액 1큰술
- 통깨 1큰술

How to cook

1. 묵은지를 씻어서 물에 15분간 담가 군내와 짠기를 뺀 뒤 참기름, 설탕을 바른다.
2. 밥에 참기름, 통깨를 넣고 섞는다.
3. 분량의 재료로 견과류 쌈장을 만든다.
4. 밥 위에 쌈장을 얹고 묵은지로 돌돌 말아준다.
5. 먹기 좋은 크기로 잘라준다.

설탕은 묵은지의 신맛을 잡아주는 역할을 해요. 묵은지 숙성도에 따라 설탕 양을 조절하세요.

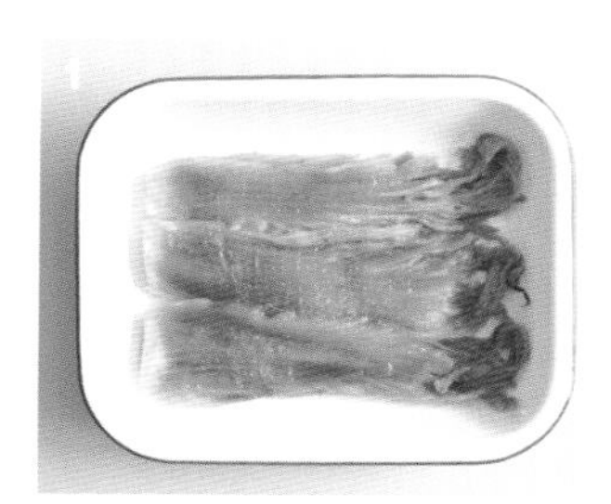

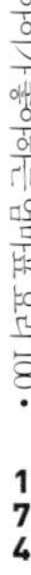

통오징어 구이

오징어에 들어 있는 타우린은 피로회복에 탁월한 효과가 있어서 노느라, 공부하느라 지친 아이들에게 도움이 되는 식재료예요. 통으로 칼집을 내면 더욱 근사하답니다.

ingredient

- 오징어 1마리
- 간장 1큰술
- 설탕 1큰술
- 맛술 1큰술
- 다진 마늘 1작은술
- 후추 약간

오징어 데칠 때

- 맛술 약간
- 소금 약간

How to cook

1. 오징어는 내장을 제거한 후 몸통 가장자리 부분에 칼집을 넣는다.
2. 간장, 설탕, 맛술, 다진 마늘, 후추를 넣어 소스를 만들어둔다.
3. 끓는 물에 소금, 맛술을 넣고 오징어를 빠르게 데친다.
4. 팬에 2의 소스를 붓고 끓으면 오징어를 넣어 약불에 조려준다.

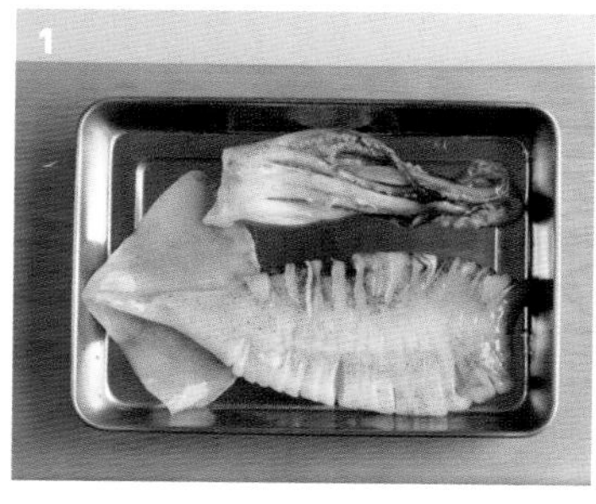

토마토 떡볶이

매운 걸 잘 못 먹는 아이들을 위해 고추장 대신 토마토소스를 사용해서 만든 토마토소스 떡볶이예요.
크림소스로 활용해도 맛있답니다.

- ☐ 떡 1컵
- ☐ 토마토소스 200g
- ☐ 비엔나소시지 8개
- ☐ 어묵 2장
- ☐ 파마산치즈가루 적당량

1. 굳은 떡은 물에 잠시 담가둔다.
   → 말랑한 떡은 과정 생략
2. 끓는 물에 어묵, 소시지, 떡을 넣어 한소끔 끓인다.
3. 떡이 말랑해지면 물을 버린 후 토마토소스를 붓는다.
4. 소스가 떡에 배도록 볶은 후 파마산치즈가루를 뿌린다.

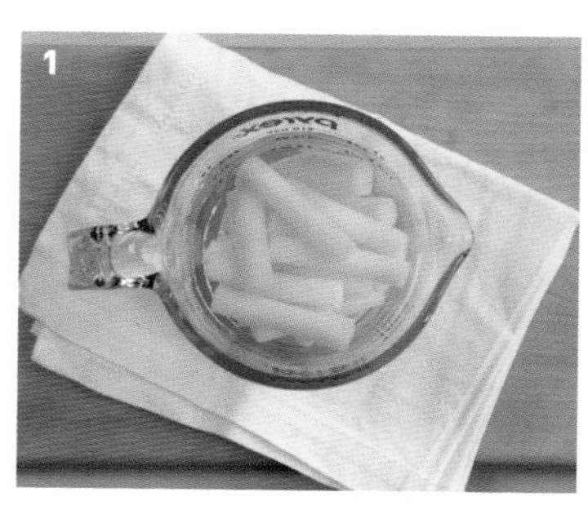

파프리카 밥

파프리카에는 비타민과 칼슘, 인이 풍부해요. 파프리카 속을 파서 볶음밥을 넣고 치즈를 얹으면 모양도 참 귀여워요. 익어서 달달해진 파프리카는 더 맛있답니다.

ingredient

- □ 파프리카 3개
- □ 밥 1공기
- □ 소고기 100g
- □ 애호박 1/4개
- □ 당근 1/5개
- □ 양파 1/4개
- □ 피자치즈 200g
- □ 굴소스 1작은술
- □ 케첩 1작은술
- □ 소금 약간
- □ 후추 약간
- □ 올리브오일 적당량

How to cook

1. 파프리카는 윗부분을 잘라 속을 파고 올리브오일을 뿌린 후 에어프라이어 180도에서 8분간 익힌다.
   → 이때 밑동을 살짝 자르면 넘어지지 않아요.
2. 소고기는 소금, 후추로 밑간하고 당근, 애호박, 양파는 다진다.
3. 달군 프라이팬에 2를 넣어 볶는다.
4. 밥을 넣어 볶다가 굴소스, 케첩을 넣고 모자란 간은 소금으로 맞춘다.
5. 1의 파프리카에 볶음밥을 담는다.
6. 피자치즈를 밥 위에 골고루 뿌려 에어프라이어 180도에서 약 7분간 돌린다.
   → 이때 잘라둔 뚜껑도 같이 넣어 익혀주세요.

MOMMY'S POT
MOMMY'S POT

토마토 제육덮밥

예전에 TV에서 보고 만들어봤는데 토마토소스와 돼지고기의 조합이 상큼하더라고요. 마지막에 치즈가 맛을 두 배 더 업그레이드 해준답니다. 어른들은 고추장 한 스푼 추가해주면 든든한 한 그릇 요리가 될 거예요.

ingredient

- ☐ 불고기용 돼지고기 앞다리살 200g
- ☐ 토마토소스 170g
- ☐ 피자치즈 100g
- ☐ 양파 1/4개
- ☐ 방울토마토 6~8개
- ☐ 밥 1공기
- ☐ 식용유 적당량

돼지고기 밑간

- ☐ 맛술 1작은술
- ☐ 소금 1꼬집
- ☐ 후추 약간

How to cook

1 돼지고기는 소금, 후추, 맛술을 넣어 밑간한다.
2 양파와 방울토마토를 썬다.
3 기름을 두른 팬에 돼지고기를 볶는다.
4 고기가 반쯤 익으면 양파와 방울토마토를 넣어 볶는다.
5 토마토소스를 넣어 약불로 끓여준다.
6 밥 위에 5를 얹고 피자치즈를 뿌려 전자레인지에 넣고 1분 30초~2분간 돌린다.

1

2

3

4

5

6

불고기 리소토

불린 쌀을 볶아서 만드는 리소토 대신 한국식으로 밥과 불고기를 이용해서 만든 불고기 리소토예요.
부드러운 크림소스와 불고기 덕에 온 가족이 좋아하는 메뉴랍니다.

ingredient

- □ 밥 1공기
- □ 불고기용 소고기 200g
- □ 대파 1/2대 □ 마늘 5알
- □ 생크림 150ml
- □ 우유 150ml
- □ 피자치즈 200g
- □ 올리브오일 적당량

불고기 양념

- □ 간장 1큰술
- □ 설탕 1큰술 □ 맛술 1큰술
- □ 다진 마늘 1큰술
- □ 후추 약간

How to cook

1 고기는 양념 재료를 넣어 15분 이상 재워두고, 대파와 마늘을 썬다.

2 올리브오일에 대파와 다진 마늘을 넣고 볶아 향을 낸다.

3 고기를 넣고 볶는다.

4 고기가 어느 정도 익으면 밥을 넣고 볶는다.

5 생크림과 우유를 넣어 걸쭉해질 때까지 끓인다.

6 취향껏 치즈를 뿌리고 뚜껑을 덮어 치즈를 녹인다.
→ 혹은 치즈를 얹어 전자레인지에 넣고 약 1분 30초간 치즈가 녹을 정도로 돌려주세요.

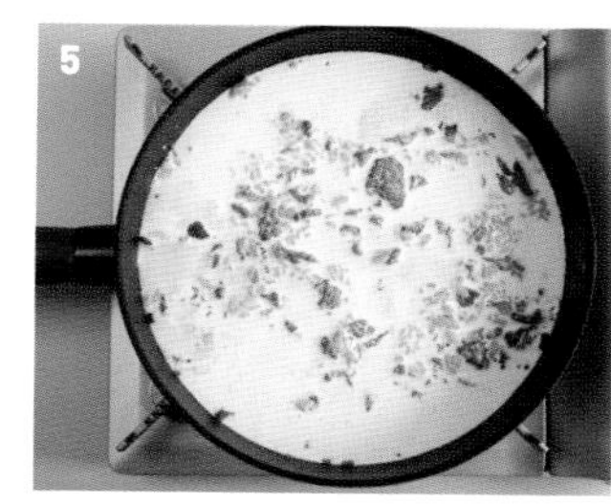

갈레트

갈레트는 메밀 반죽에 햄, 치즈, 달걀 등을 넣어 만든 프랑스식 디저트예요.
시판 갈레트용 크레페로 반죽하는 번거로움 없이 간편하게 프랑스의 맛을 즐겨보세요.

- 크레페 1장
- 베이컨 2줄
- 치즈 1장
- 양송이 2개
- 달걀 1개
- 어린잎 1줌

1. 양송이는 슬라이스하고, 베이컨은 반으로 자른다.
2. 달걀을 취향에 맞게 반숙 또는 완숙으로 익히고, 베이컨과 양송이도 굽는다.
3. 크레페 위에 치즈, 달걀, 베이컨, 양송이 순으로 얹어 약불에 익힌다.
4. 어느 정도 치즈가 녹으면 모서리를 네모로 접고 어린잎을 얹어준다.

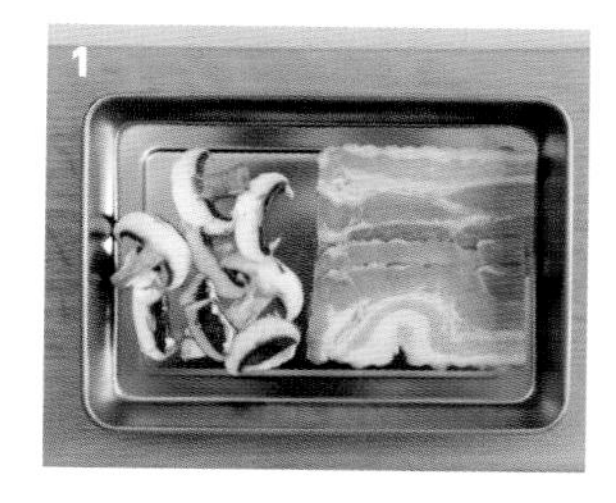

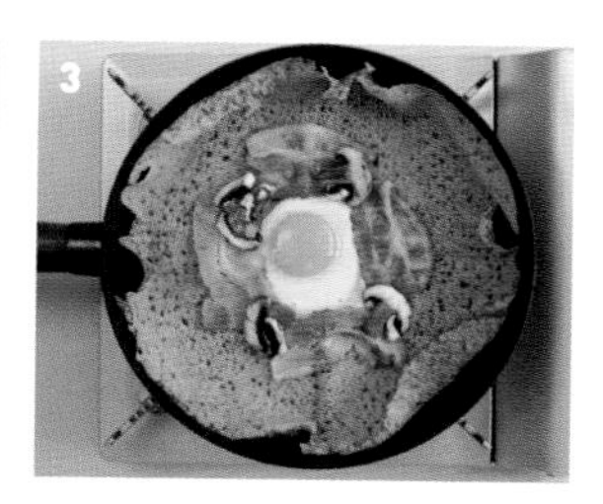

저는 시판 크레페 중 '페이장 브레통 오리지널 크레페'를 사용했답니다.
팬케이크 믹스로 얇게 부쳐서 사용해도 좋아요.

MOMMY'S POT
MOMMY'S POT

연어 스테이크

세계 10대 슈퍼 푸드인 연어에는 오메가3와 비타민D가 들어 있어 아이들 두뇌 발달과 뼈 건강에 좋다고 해요.
부드럽고 담백한 연어에 요거트를 넣은 상큼한 소스를 곁들여보세요.

- ☐ 스테이크용 연어 200g
- ☐ 버터 10g
- ☐ 소금 1꼬집
- ☐ 후추 약간
- ☐ 허브가루 약간

가니쉬

- ☐ 양송이 2개
- ☐ 방울토마토 3개
- ☐ 그린빈(혹은 아스파라거스) 3줄

소스

- ☐ 다진 양파 1큰술
- ☐ 다진 피클 1큰술
- ☐ 마요네즈 2큰술
- ☐ 플레인 요거트 1큰술
- ☐ 꿀 1큰술
- ☐ 레몬즙 1큰술
- ☐ 소금 약간
- ☐ 후추 약간

How to cook

1 연어에 올리브오일, 소금, 후추, 허브를 올려 마리네이드한다.
2 가니쉬 재료를 먹기 좋은 크기로 잘라 준비한다.
3 소스 재료를 모두 섞어둔다.
4 버터를 녹인 팬에 연어와 가니쉬 재료를 굽는다.
→ 가니쉬가 먼저 익으면 덜어두고, 연어는 앞뒤로 더 익혀주세요.

스테이크 덮밥

한 그릇 요리 중 제일 고급스러운 요리가 바로 스테이크 덮밥 아닐까 해요. 저희 집은 외식 기분 내고 싶을 때 자주 만들어 먹는답니다. 가족들의 취향에 맞게 굽기 조절해서 만들어 드세요.

ingredient

- □ 스테이크용 소고기 (안심 혹은 채끝) 300g
- □ 밥 1.5공기
- □ 양파(작은 것) 1개
- □ 간장 3큰술
- □ 맛술 3큰술
- □ 설탕 2큰술
- □ 물 3큰술
- □ 버터 10g

고기 마리네이드

- □ 올리브오일 2큰술
- □ 허브가루 약간
- □ 소금 약간
- □ 후추 약간

How to cook

1. 스테이크용 고기에 올리브오일, 소금, 후추, 허브가루를 뿌려 실온에서 마리네이드한다.
2. 양파는 채 썬다.
3. 달군 팬에 고기를 넣고 연기가 나기 시작하면 버터를 넣어 끼얹듯 구워준다.
4. 고기를 포일로 감싸 약 5분간 레스팅한 후 먹기 좋게 자른다.
5. 간장, 맛술, 설탕, 물을 넣고 끓으면 양파를 넣어 볶아준다.
6. 밥 위에 양파, 고기를 얹고 소스를 끼얹어준다.
   → 취향껏 달걀노른자와 생 와사비를 올려주세요.

- 스테이크는 미디움웰 기준 두께 3cm 고기를 달군 팬에 앞뒤로 약 1분 30초씩 익혀주세요.
- 한 면이 익으면 뒤집을 때 버터를 같이 넣어주고 녹은 버터를 끼얹으면서 구워요.(시어링)
- 세워서 옆면도 각 30초씩 익혀주고 포일에 감싸 레스팅해주세요.
- 레스팅 과정을 거치면 육즙이 골고루 퍼져 훨씬 맛있어요.

아이가 좋아하는 엄마표 요리 100

PART 5

아이가 잘 먹는 **초간단 요리**

달팽이 김밥

달팽이 김밥은 아이가 도시락 뚜껑을 열었을 때 인기 만점이었던 김밥이라고 해요.
보기엔 복잡해 보이지만 막상 만들어보면 간단해요. 우리 아이 어깨가 으쓱해질 모습을 상상하며 도전해보세요.

ingredient

- □ 밥 1공기
- □ 김밥용 김 3장
- □ 슬라이스 치즈 2장
- □ 슬라이스 햄 6장
- □ 소금 약간
- □ 깨 약간
- □ 참기름 적당량

달팽이 꾸미기용

- □ 치즈 1장
- □ 검은깨 약간
- □ 약통 뚜껑

How to cook

1. 치즈 2장을 겹쳐 반 자른다.
2. 김 위에 치즈를 올린다.
3. 납작하게 말아준다.
4. 김 위에 슬라이스 햄을 3장씩 올린다.
5. 끝부분부터 꼼꼼하게 돌돌 말아준다.
6. 소금, 깨, 참기름으로 밑간한 밥을 김 위에 펴고 3, 5를 올린 후 빈틈을 밥으로 채워 말아준다.
7. 약통 뚜껑으로 치즈를 찍어 달팽이 눈을 만든다.
8. 검은깨를 치즈에 꽂아 눈알을 만든다.

눈을 붙일 때 밥의 온기로 치즈가 녹으면서 붙지만 식은 경우에는 마요네즈로 붙여주면 잘 붙어요.

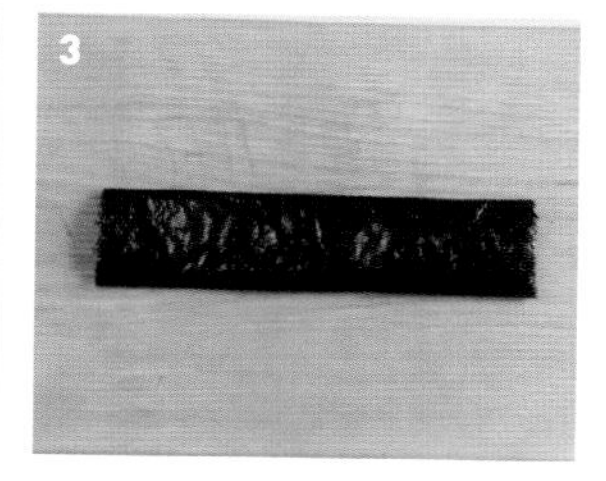

문어 유부초밥

소시지로 문어 모양을 낸 유부초밥이에요. 평소 잘 안 먹는 여러 야채들을 볶아 영양도 챙겨보세요.
캐릭터 도시락은 손이 많이 가지만 정성 들인 만큼 아이들이 좋아하더라고요.

ingredient

- 비엔나소시지 4개
- 유부 8장
- 밥 1.5공기
- 당근 1/5개
- 애호박 1/5개
- 양파 1/4개
- 김 1/4장
- 검은깨 16개
- 소금 약간
- 깨 약간
- 참기름 적당량
- 식용유 적당량

How to cook

1. 소시지는 반 잘라 아래쪽에만 칼집을 내서 다리 모양을 만들고, 김은 길게 8개 잘라둔다.
2. 당근, 애호박, 양파는 다진다.
3. 기름 두른 팬에 다진 야채를 볶는다.
4. 밥에 참기름, 소금, 깨, 3의 야채를 넣어 잘 섞어준다.
5. 소시지는 다리 부분이 벌어지도록 끓는 물에 데친다.
6. 물기를 짠 유부에 밥을 넣어준다.
7. 데친 소시지에 칼끝으로 구멍을 내고 검은깨를 꽂아 눈을 만든다.
8. 유부초밥에 소시지를 얹어 김으로 말아준다.

김 끝을 아래로 두고 도시락 통에 담으면 유부의 물기와 밥의 온도로 인해 김이 풀어지지 않아요. 마요네즈를 김 끝에 발라 붙여주는 것도 괜찮아요.

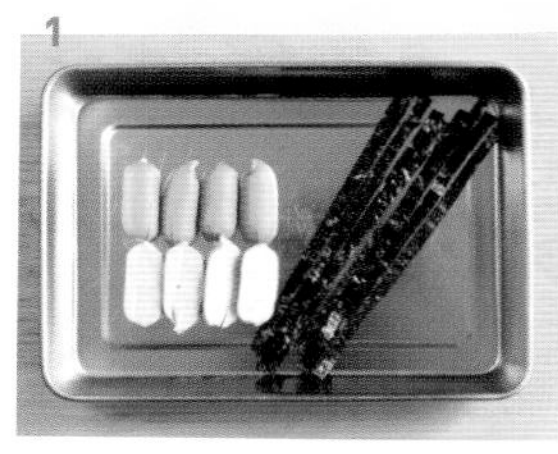

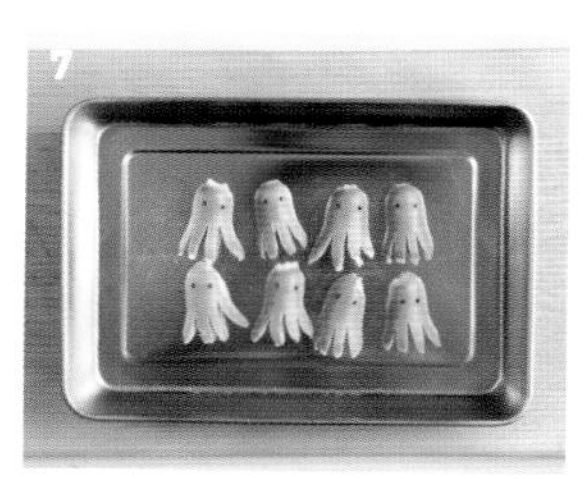

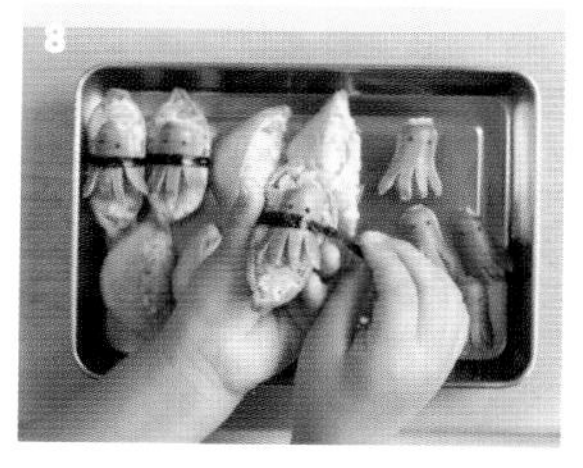

BLT 샌드위치

BLT 샌드위치는 베이컨(Bacon), 양상추(Lettuce), 토마토(Tomato)를 넣어 만든 샌드위치예요.
재료의 앞 글자를 따서 BLT 샌드위치라고 한답니다. 달걀을 추가하면 맛과 영양을 챙길 수 있어요.

- 식빵 2장
- 베이컨 2줄
- 양상추(혹은 로메인 상추) 4장
- 토마토 1/2개
- 달걀 1개
- 마요네즈 1큰술

1 양상추, 토마토, 베이컨을 식빵 크기에 맞게 잘라서 준비한다.
2 달걀과 베이컨을 굽는다.
3 식빵은 마른 팬에 앞뒤로 노릇하게 구워준다.
4 구운 식빵 한 면에 마요네즈를 바른다.
5 양상추, 베이컨, 토마토, 달걀 순으로 올려주고 빵을 덮어 자른다.
→ 재료를 쌓을 때는 평평하게 쌓을 수 있는 재료부터 얹어야 모양이 예뻐요.

달걀말이 밥

인스타를 보다 보면 같은 재료라도 생각을 다르게 하면 특별해지는 메뉴들이 있더라고요.
달걀말이 밥도 그런 메뉴예요. 한입에 쏙쏙 먹을 수 있어 아이들 도시락 메뉴로도 좋아요.

ingredient

- 밥 1.5공기
- 달걀 3개
- 햄 30g
- 양파 1/4개
- 당근 1/5개
- 애호박 1/5개
- 소금 약간
- 참기름 적당량
- 식용유 적당량

How to cook

1 햄, 양파, 당근, 애호박을 다진다.

2 기름을 두른 팬에 1의 야채들을 볶는다.

3 밥에 소금, 참기름을 넣고 2를 넣어 잘 섞는다.

4 먹기 좋은 크기로 잘 뭉쳐준다.

5 달걀은 풀어서 체에 걸러준다.

6 팬에 기름을 두르고 키친타월로 닦아낸 후 약불에 달걀물을 한 순갈 펴서 놓고 반쯤 익으면 주먹밥을 얹어 말아준다.

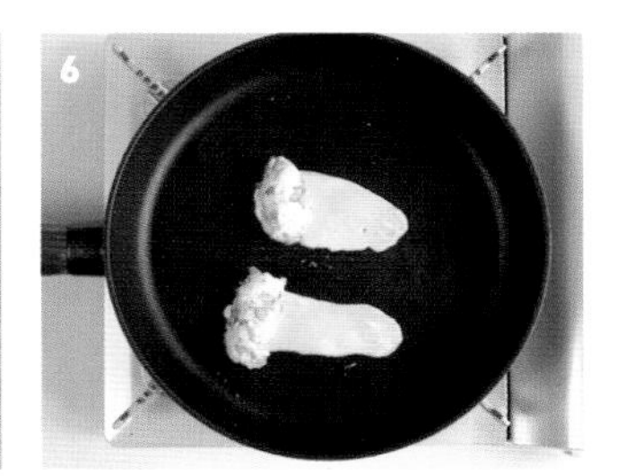

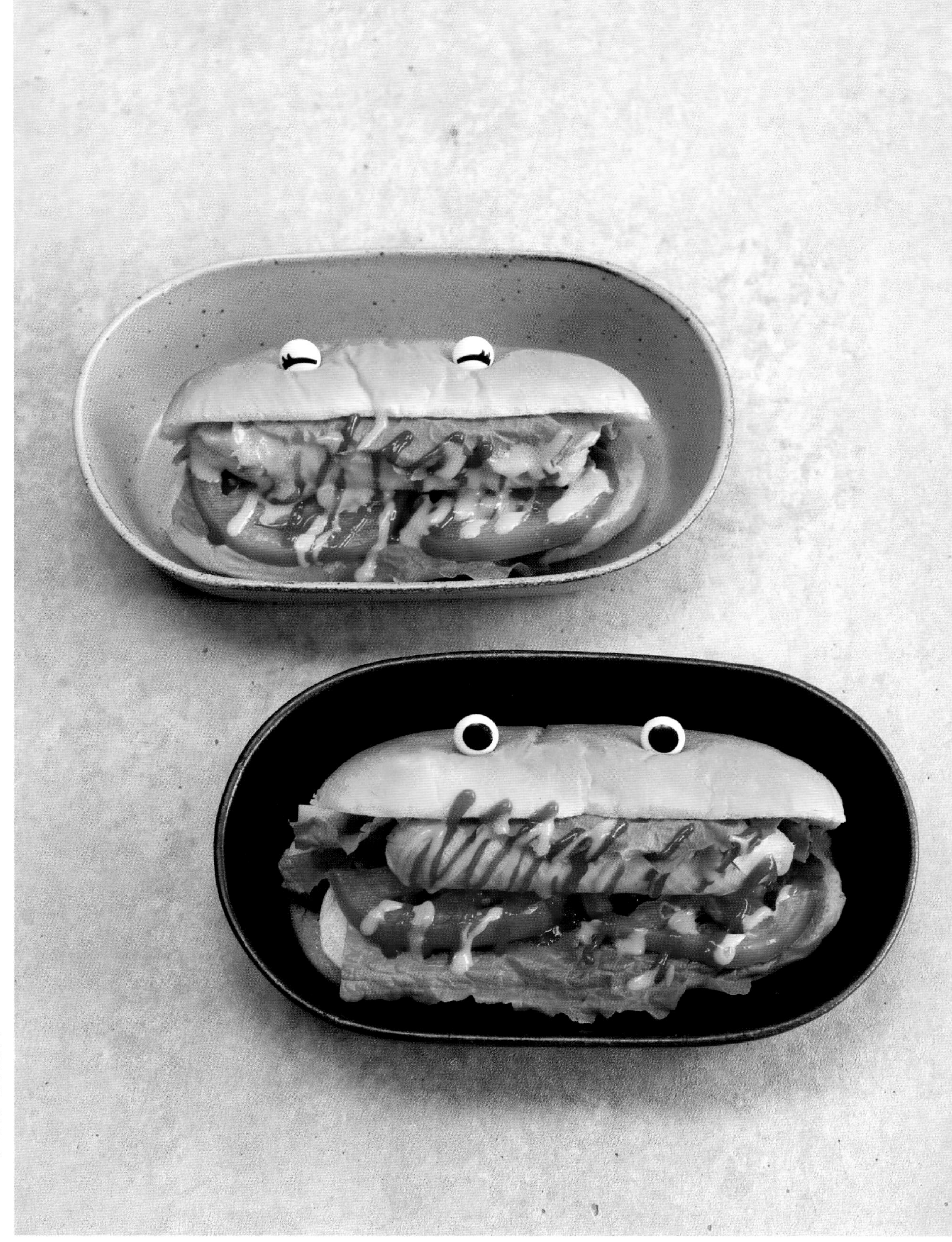

뉴욕 핫도그

소시지에 밀가루 옷을 입혀 튀기는 한국식 핫도그와는 달리 빵 사이에 소시지와 야채를 넣어 만드는 뉴욕 핫도그예요. 저는 조금 더 담백하게 닭가슴살 소시지로 만들어봤어요.

ingredient

- 핫도그용 빵 2개
- 닭가슴살 소시지 2개
- 토마토 1개
- 로메인 상추 4장
- 허니머스터드소스 2큰술
- 피클 5개
- 마요네즈 1큰술
- 머스터드소스 약간
- 캐첩 약간

How to cook

1. 소시지는 칼집을 내어 끓는 물에 데친다.
2. 토마토는 슬라이스하고, 상추는 씻어서 물기를 제거한다.
3. 허니머스터드소스에 피클을 다져 넣는다.
4. 빵 속에 마요네즈를 발라준다.
5. 상추, 토마토를 올려준다.
6. 소시지를 올린 후 만들어둔 3의 소스를 넣고 머스터드소스와 케첩을 취향껏 뿌려준다.

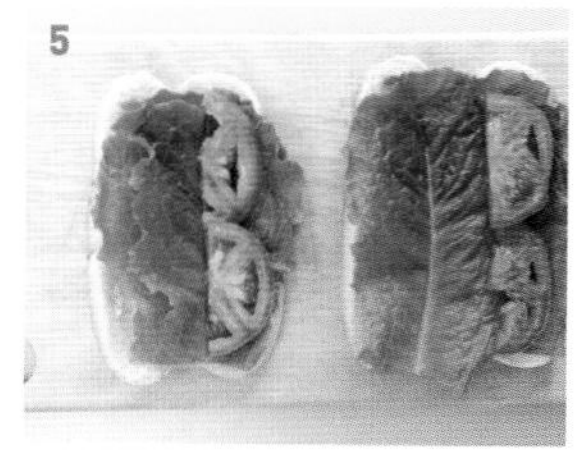

냉동 빵을 해동해서 사용할 경우에는 빵 안쪽 면을 살짝 구워주세요.

odense

베이컨말이 밥

바쁠 때 주먹밥만 한 메뉴도 없는 것 같아요. 주먹밥에 베이컨을 돌돌 말아 조금 더 특별하게 준비해보세요.

ingredient

- ☐ 밥 2공기
- ☐ 양파 1/2개
- ☐ 애호박 1/5개
- ☐ 당근 1/5개
- ☐ 베이컨 6줄
- ☐ 참기름 1큰술
- ☐ 소금 약간
- ☐ 깨 약간

How to cook

1. 애호박, 양파, 당근을 잘게 다진다.
2. 달군 팬에 1을 볶는다.
3. 밥에 2를 넣고 소금, 참기름, 깨를 넣어 잘 섞는다.
4. 베이컨은 반 자르고, 3은 먹기 좋은 크기로 주먹밥을 만든다.
5. 베이컨에 주먹밥을 올려 돌돌 만다.
6. 에어프라이어 180도에서 5~7분간 돌린다.
   → 에어프라이어 사양이 다르니 중간중간 꼭 확인하세요.

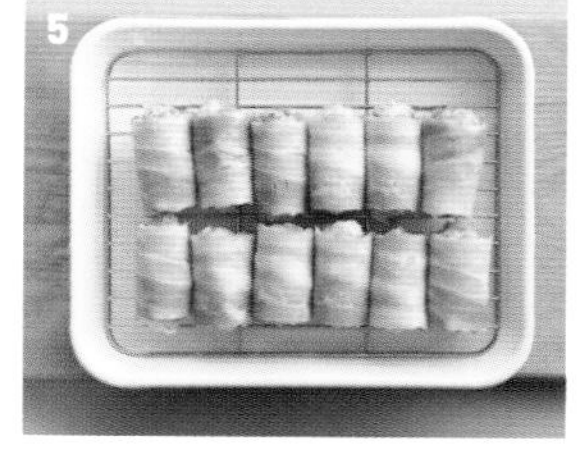

- 베이컨의 짠맛을 고려해서 일반적인 주먹밥보다 간을 약하게 해야 해요.
- 베이컨 말린 끝부분을 아래로 가게 익혀야 풀리지 않아요.

베이컨 떡꼬치

꼬치 메뉴는 만들기도 쉽고 먹기도 편하고 모양도 예뻐요. 파티의 사이드 메뉴, 밥반찬이나 간식으로도 훌륭한 베이컨 떡꼬치랍니다.

- 떡볶이용 떡 9개
- 베이컨 5줄
- 꼬치 3개
- 케첩 약간
- 파슬리가루 약간

1 반 자른 베이컨과 떡을 준비한다.

2 끓는 물에 떡을 말랑하게 데친다.

3 베이컨에 떡을 말아 꼬치에 꽂아준다.
→ **이때 말린 끝부분을 아래로 해서 구워주세요.**

4 에어프라이어 180도에서 5분, 뒤집어 2분 더 구워준다.
→ **취향껏 파슬리가루를 뿌려 케첩과 함께 내세요.**

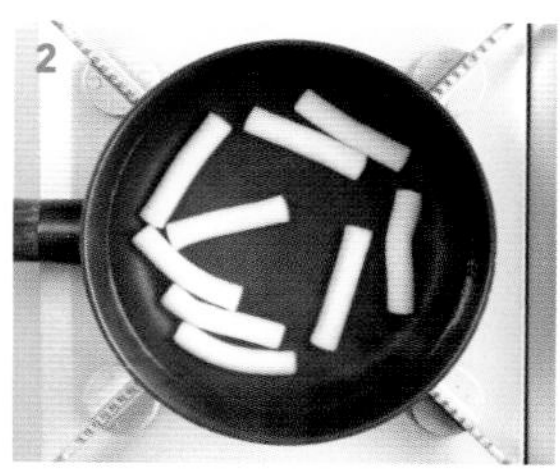
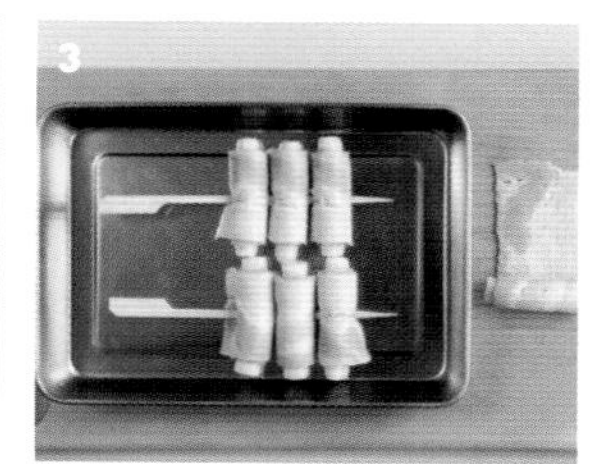

꼬치를 물에 한 번 담군 후 사용하면 꼬치가 타는 걸 방지할 수 있어요.
에어프라이어가 없다면 프라이팬에 앞뒤로 구워주세요.

아이가 잘 먹는 초간단 요리

87

달걀말이 김밥

야채를 좋아하지 않는 아이들도 달걀말이에 든 야채는 잘 먹더라고요. 동글동글 달걀말이를 만들어 김밥에 쏙~ 넣어보세요.

ingredient

- 달걀 6개
- 김밥용 김 2장
- 햄 40g
- 빨강 파프리카 1/4개
- 양파1/3개
- 당근1/5개
- 부추 20g
- 소금 약간
- 식용유 적당량

밥 밑간

- 밥 2공기
- 소금 약간
- 깨 약간
- 참기름 적당량

How to cook

1. 햄, 양파, 파프리카, 부추, 당근을 다진다.
2. 달걀을 풀고 소금을 넣어 1의 야채와 섞는다.
3. 달군 팬에 기름을 넣고 키친타월로 한번 닦아낸 후 달걀물을 붓는다.
4. 약불에 천천히 말아준다.
5. 김발로 말아 고정해둔다.
6. 밥에 밑간한다.
7. 김에 밥을 펴고 달걀말이를 올린다.
8. 예쁘게 말아 한 김 식힌 후 자른다.

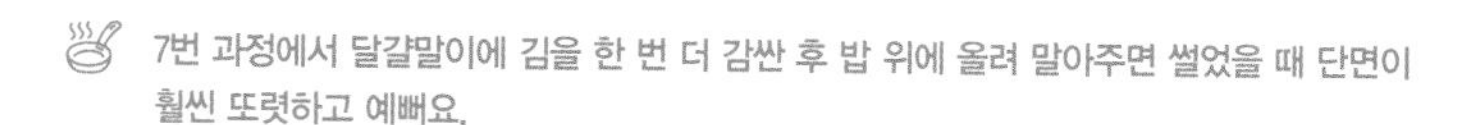
7번 과정에서 달걀말이에 김을 한 번 더 감싼 후 밥 위에 올려 말아주면 썰었을 때 단면이 훨씬 또렷하고 예뻐요.

1

2

3

4

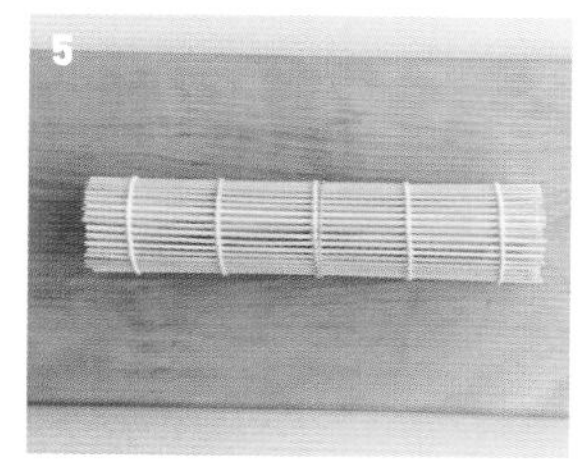
5

6

7

8

NAMUMOK

어묵 김밥

김밥 싸려면 재료 준비에 손이 많이 가죠. 어묵 김밥은 재료를 모두 다져 넣어서 훨씬 간단하게 만들 수 있어요.

- □ 밥 2공기
- □ 김밥용 김 3장
- □ 단무지 3줄
- □ 김밥용 햄 3줄
- □ 부추 30g
- □ 당근 1/5개
- □ 노랑 파프리카 1/4개
- □ 빨강 파프리카 1/4개
- □ 어묵 2장
- □ 맛간장 1작은술
- □ 깨 약간
- □ 참기름 적당량

How to cook

1. 준비한 야채와 어묵을 잘게 다진다.
2. 기름을 두른 팬에 1과 맛간장을 넣어 볶는다.
3. 밥에 2를 넣은 후 참기름, 깨를 넣고 잘 섞어준다.
4. 김에 3을 얇게 깔고 단무지와 햄을 얹어 말아준다.
5. 김밥에 참기름을 발라 먹기 좋게 썰어준다.

1

2

3

4

5

꽃 김밥

편식하는 아이들을 위한 햄과 달걀로 만든 꽃 김밥이에요. 재료가 심플해서 간단하게 만들어 먹기 좋아요.

ingredient

- 소시지 2개
- 달걀 3개
- 김밥용 김 2장
- 밥 1.5공기
- 참기름 1큰술
- 소금 약간
- 깨 약간
- 식용유 적당량

How to cook

1. 달군 팬에 소시지를 굽는다.
2. 달걀을 잘 풀어둔다.
3. 기름을 약간 두른 팬에 약불로 지단을 부친다.
4. 지단 위에 소시지를 얹어 돌돌 말아준다.
5. 밥에 참기름, 소금, 깨를 넣어 잘 섞어둔다.
6. 김에 밥을 얇게 펴고 4를 얹어 말아준다.
7. 같은 방법으로 한 줄 더 말아 참기름을 바르고 썰어준다.

1

2

3

4

5

6

7

프랑크소시지로 해도 되지만 가늘고 긴 소시지로 만들면 한입 크기로 딱 좋아요.
저는 라퀴진 롱에센 뽀득 제품을 사용했어요.

스팸 마리

한때 프랜차이즈 분식집에서 유행하던 메뉴인데 집에서 만들어봤어요. 단짠한 맛이라 식어도 맛있어서 도시락 메뉴로 좋더라고요. 가공 햄은 뜨거운 물에 한 번 데쳐서 사용하면 조금 더 안심하고 먹을 수 있어요.

ingredient

- ☐ 달걀 3개
- ☐ 밥 1.5공기
- ☐ 김 2장
- ☐ 깡통 햄 1/2개
- ☐ 간장 1작은술
- ☐ 맛술 1작은술
- ☐ 올리고당 1작은술
- ☐ 참기름 1작은술
- ☐ 깨 약간
- ☐ 식용유 적당량

How to cook

1 깡통 햄은 약 1cm크기로 자르고, 달걀은 풀어준다.

2 달군 팬에 깡통 햄을 굽는다.

3 반쯤 익으면 간장, 맛술, 올리고당을 넣어 조린다.

4 밥에 참기름과 깨를 넣어 섞어준다.

5 반으로 자른 김에 밥을 깔고 3의 깡통 햄을 넣어 말아준다.

6 팬에 기름을 두르고 약불에 달걀물을 부어 거의 익었을 때쯤 5를 넣고 말아준다.

7 한 김 식힌 후 썰어준다.

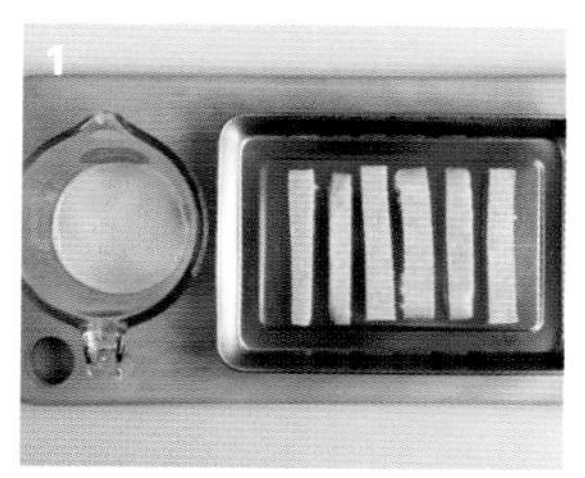

깡통 햄 자체에 염도가 있기 때문에 밥과 달걀에는 소금 간을 따로 하지 않아요.

연어 주먹밥

담백한 연어는 영양도 풍부하고 맛도 좋아 즐겨 먹는데요. 연어 캔을 이용하니 상할 염려도 없고 잘 뭉쳐져서 도시락 메뉴로 간편하더라고요. 철분과 엽산이 풍부한 시금치를 같이 넣었더니 맛도 좋아요.

ingredient

- 밥 1공기
- 연어 캔 1개(약 100g)
- 시금치 100g
- 참기름 1큰술
- 소금 약간
- 깨 약간

How to cook

1. 연어 캔을 뜯어 뜨거운 물에 헹군 후 기름기를 빼준다.
2. 시금치는 밑동을 잘라 살짝 데친다.
3. 익힌 시금치의 물기를 꾹 짜서 가위로 잘게 잘라준다.
4. 밥에 연어와 참기름, 소금, 깨를 넣어 섞고 한입 크기로 뭉쳐준다.

삼각김밥

멸치는 칼슘이 풍부해서 성장기 아이들의 성장발육과 두뇌 발달에 도움이 되는 음식이에요.
씹을수록 고소한 멸치볶음을 넣은 삼각 주먹밥을 만들어보세요.

ingredient

- 밥 1.5공기
- 김밥용 김 1/4장
- 멸치 100g
- 다진 마늘 0.5작은술
- 통깨 1작은술
- 간장 1작은술
- 올리고당 1작은술
- 맛술 1작은술
- 후리가케 1큰술

밥 밑간

- 참기름 1작은술
- 소금 약간
- 깨 약간

How to cook

1. 마른 팬에 멸치를 볶아 비린내를 날려준다.
2. 다진 마늘, 통깨, 간장, 올리고당, 맛술을 넣어 양념을 만든다.
3. 양념을 넣어 끓어오르면 멸치를 넣어 약불에 볶는다.
4. 밥에 밑간한다.
5. 삼각김밥 틀에 밥을 반만큼 채워 넣고 가운데 멸치를 넣는다.
6. 나머지 빈칸에 밥을 넣어 채운다.
7. 김을 2등분해 주먹밥 아래쪽에 붙인다.
8. 후리가케를 삼각김밥 위쪽에 묻힌다.

소고기, 우엉, 참치마요, 김치 등 다양한 재료로 만들어보세요.

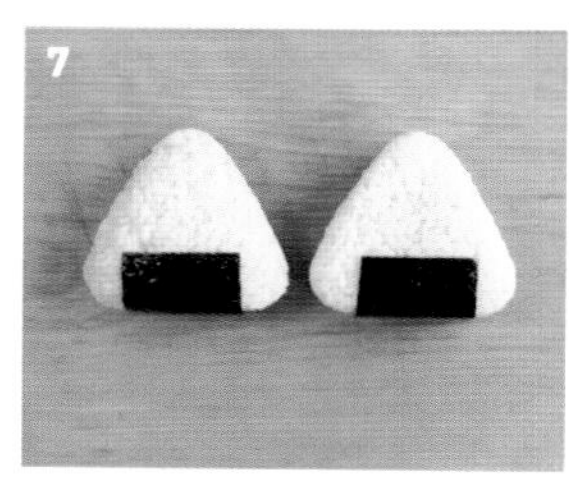

폭탄 주먹밥

이름도 어마무시한 데다 비주얼도 못난이지만 만들기 쉽고 맛있는 주먹밥이에요.
바쁜 아침 간단히 만들어 먹기도 좋고 속 재료도 무한 응용 가능한 메뉴랍니다.

ingredient

- ☐ 밥 1.5공기
- ☐ 참치 캔 1캔(200g)
- ☐ 마요네즈 3큰술
- ☐ 조미김 2봉(10g)
- ☐ 후추 약간

밥 밑간

- ☐ 소금 약간
- ☐ 깨 약간
- ☐ 참기름 적당량

How to cook

1 뜨거운 물에 헹군 참치에 마요네즈와 후추를 넣어 버무린다.

2 조미김을 비닐봉지에 넣어 곱게 부순다.

3 밥에 밑간 재료를 넣고 잘 섞는다.

4 오목한 그릇에 랩을 깔고 밥과 참치를 넣는다.

5 밥을 덮고 랩으로 동그랗게 모양을 만든다.

6 김가루에 골고루 굴려준다.

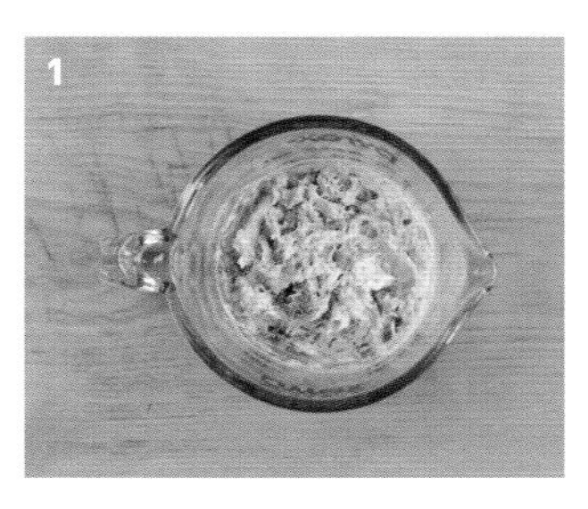

스마일 김밥

보기만 해도 저절로 웃음이 지어지는 스마일 김밥이에요. 케첩 볼터치가 너무 깜찍하답니다.
아이가 도시락을 열었을 때 웃는 모습을 상상하며 만들어보세요.

- 프랑크소시지 2개
- 김밥용 김 2장
- 밥 1.5공기
- 소금 약간
- 깨 약간
- 참기름 적당량
- 케첩 적당량

How to cook

1. 뜨거운 물에 데친 프랑크소시지를 반 자른다.
2. 달군 팬에 소시지를 기름 없이 살짝 구워준다.
3. 밥에 소금, 참기름, 깨를 넣어 밑간한다.
4. 소시지를 김 크기에 맞게 자르고, 밥을 올려준다.
5. 김에 밥을 얇게 펴고 4를 얹어 말아준다.
6. 검은깨를 이용해 눈을 붙인다.
7. 케첩을 조금씩 짜서 볼터치를 해준다.
   → 이때 투약병을 이용하면 편리해요.

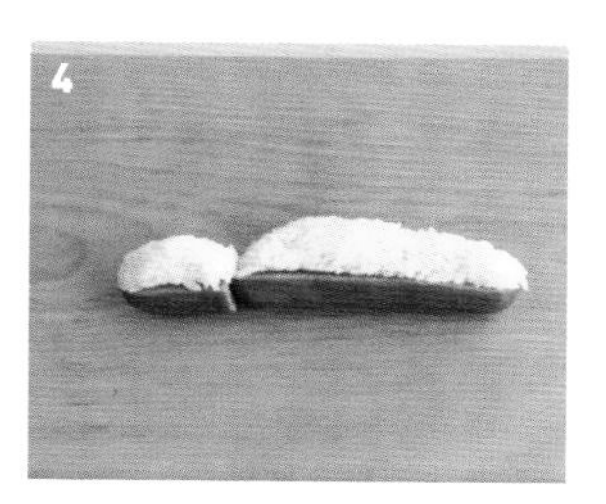

검은 깨는 젓가락에 물을 살짝 묻혀서 깨를 집은 후 붙이면 편해요.

하트 김밥

모양도 맛도 훌륭한 하트 김밥이에요. 아이를 사랑하는 마음을 김밥으로 표현해보세요.

ingredient

- 깡통 햄 1개
- 밥 1.5공기
- 김밥용 김 4장
- 참기름 약간
- 소금 약간
- 깨 약간

How to cook

1 깡통 햄을 4등분해서 끓는 물에 데친다.

2 햄 가운데 부분을 비스듬하게 썬다.

3 달군 팬에 햄을 기름 없이 굽는다.

4 밥에 참기름, 소금, 깨를 넣어 밑간한다.

5 김밥용 김을 2등분하고 한 장은 끝을 약간 자른다.

6 김에 밥을 펴고, 끝을 자른 김에 햄을 하트 모양으로 만들어 말아준 후 밥 위에 얹는다.

→ **이때 하트 모양의 빈 공간에 밥을 채운 후 얹어주세요.**

7 예쁘게 말아 참기름을 발라준 후 자른다.

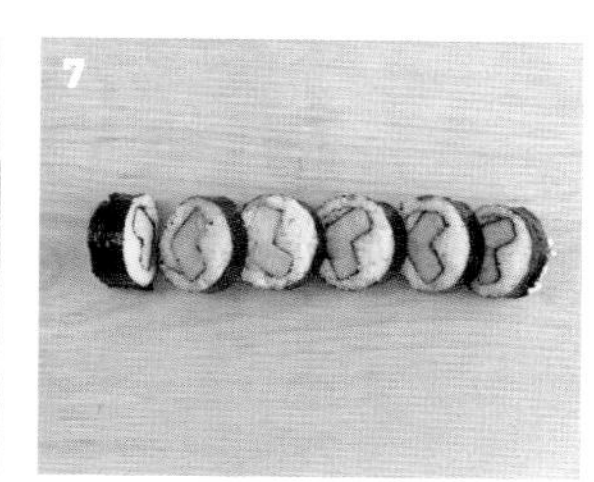

새우 주먹밥

새우를 통으로 올려 만들어 모양도 예쁘고 맛도 좋은 새우 주먹밥이에요. 저는 새우와 부추 조합이 참 좋더라고요. 야채는 냉장고 사정에 맞게 활용해도 되지만 부추는 꼭 넣어주세요.

- 밥 2공기
- 자숙새우(소) 16마리
- 부추 30g
- 당근 1/5개
- 양파 1/2개
- 소금 약간
- 깨 약간
- 참기름 적당량
- 올리브유 적당량

1 양파, 부추, 당근을 최대한 잘게 다진다.
2 올리브유를 약간 두른 팬에 새우를 볶아준다.
3 같은 팬에 1의 야채도 볶아준다.
4 밥에 참기름, 소금, 깨를 넣고 잘 섞어준다.
5 랩에 새우를 놓고 밥을 넣은 후 동그랗게 뭉쳐 모양을 만든다.

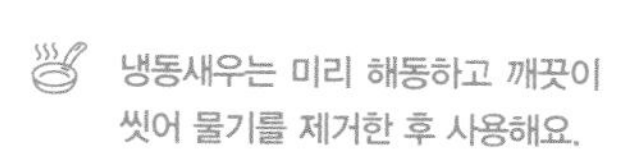
냉동새우는 미리 해동하고 깨끗이 씻어 물기를 제거한 후 사용해요.

체스 김밥

저희 아이들이 단무지를 즐기지 않아서 여러 재료로 김밥을 만들어본 것 같아요. 체스 김밥은 식감도 부드럽고 모양도 예뻐서 아이들이 잘 먹었어요. 두부를 물기 없이 바싹 구워줘야 예쁘게 만들 수 있으니 꼭 기억하세요.

ingredient

- 밥 1공기
- 두부 1/4모
- 깡통 햄 1/2개
- 김밥용 김 2장
- 소금 약간
- 깨 약간
- 참기름 적당량

How to cook

1 깡통 햄과 두부를 사방 1cm 정도 크기로 각 4개씩 자른다.
→ 이때 두부는 소금을 뿌린 후 키친타월로 물기를 꼼꼼히 닦아주세요.

2 기름 없이 달군 팬에 깡통 햄과 두부를 바싹 굽고 한 김 식혀둔다.

3 김에 두부, 깡통 햄 순으로 쌓아 체스 모양을 만든 후 말아준다.

4 밥에 참기름, 소금, 깨를 넣어 밑간한다.

5 김 위에 밥을 펴고 3을 얹어 말아준다.

6 두부와 깡통 햄이 흐트러지지 않게 조심히 썰어준다.

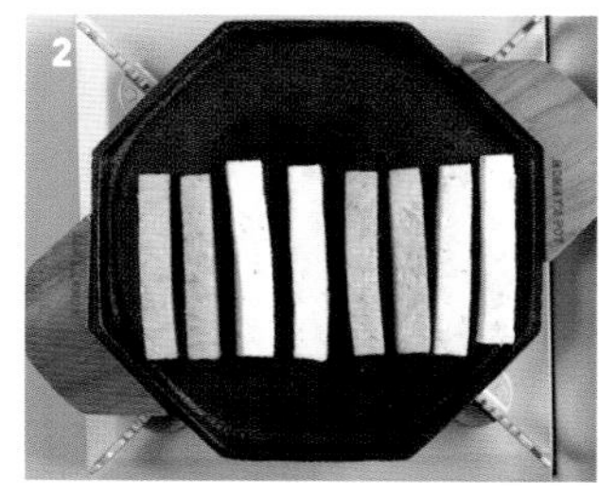

무스비

김밥보다 재료도 간단하고 만드는 법도 쉬운 무스비예요. 햄, 달걀, 상추의 조합이 눈으로 보기에도 예뻐서 피크닉 메뉴로도 좋아요.

ingredient

- □ 밥 2공기
- □ 깡통 햄 1/2캔
- □ 달걀 2개
- □ 청상추 3장
- □ 김밥용 김 1장
- □ 소금 약간
- □ 깨 약간
- □ 참기름 적당량
- □ 식용유 적당량

How to cook

1 깡통 햄은 약 8mm 두께로 썰고 청상추는 햄 크기로 반 자른다.
2 달걀은 소금을 넣어 잘 풀어둔다.
3 기름을 두른 팬에 달걀을 붓고 어느 정도 익으면 반 접어 도톰하게 굽는다.
4 깡통 햄을 노릇하게 굽는다.
5 밥에 소금, 깨, 참기름을 넣고 잘 섞는다.
6 김을 반 자르고 무스비 틀에 밥, 상추, 달걀, 스팸 순으로 얹는다.
7 밥을 한 번 더 덮어 무스비 틀을 뺀다.
8 김으로 돌돌 말아 예쁘게 자른다.

무스비 틀이 없으면 햄을 꺼낸 깡통을 깨끗이 씻어 랩을 깔고 6, 7, 8번 과정대로 만들어주세요.

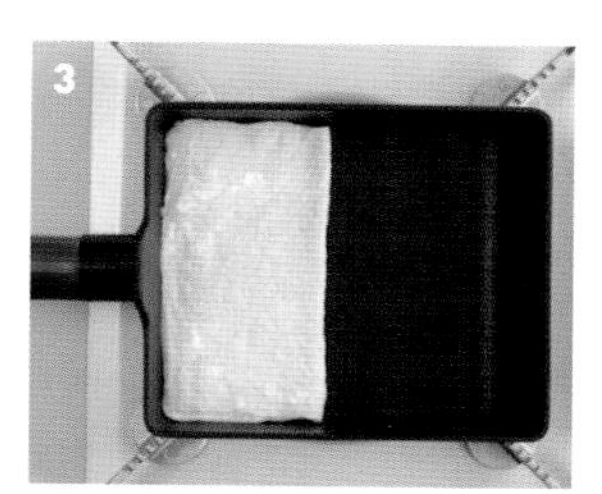

소녀 김밥

인스타 인친님께 배운 소녀 김밥이에요. 노랑 단발머리가 앙증맞은 소녀 김밥을 보니 동심의 세계로 돌아간 기분이더라고요. 상상력을 발휘해서 더 예쁘게 꾸며보세요.

ingredient

- 밥 2공기
- 김밥용 김 2.5장
- 프랑크소시지 2개
- 달걀 3개
- 소금 약간
- 깨 약간
- 참기름 적당량

How to cook

1. 프랑크소시지를 뜨거운 물에 데친다.
2. 달걀을 잘 풀어서 약불에 도톰하게 부친다.
3. 밥은 참기름, 깨, 소금으로 밑간한다.
4. 소시지에 달걀을 단발머리 모양으로 말아 남는 부분은 자른다.
5. 김에 밥을 펴고 4를 올려 말아준다.
6. 김 펀칭기로 눈과 입 모양을 찍어낸다.
7. 김밥에 참기름을 바른 후 썰어주고 눈과 입을 붙인다.
8. 달걀지단 남은 부분을 약 뚜껑으로 찍어 앞머리를 만든다.

눈, 입, 앞머리를 붙일 땐 마요네즈를 살짝 발라주세요.

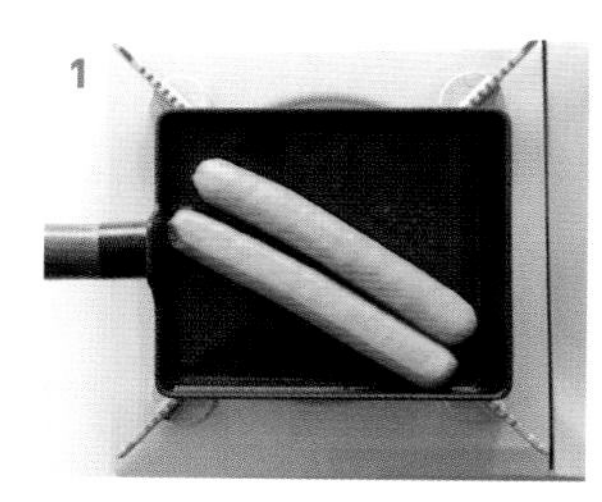

오이롤초밥

여름에 상큼하게 먹을 수 있는 오이롤초밥이에요. 하나씩 집어먹기도 간편하고, 칼로리도 낮은 메뉴예요.
불을 사용하지 않고도 만들 수 있으니 더운 날 간단히 만들어보세요.

- ☐ 오이 2개
- ☐ 크래미 140g
- ☐ 밥 2공기
- ☐ 마요네즈 1큰술
- ☐ 설탕 0.5작은술
- ☐ 소금 1꼬집
- ☐ 깨 약간

배합초

- ☐ 식초 4큰술
- ☐ 설탕 2큰술
- ☐ 소금 1작은술

How to cook

1. 오이는 필러로 얇고 길게 깎는다.
2. 오이에 소금을 살짝 뿌려둔다.
3. 크래미는 잘게 찢어 마요네즈와 설탕을 넣어 섞는다.
4. 배합초와 깨를 넣고 섞은 밥을 동글동글 뭉친다.
   → 배합초는 섞어서 전자레인지에 약 40초간 돌려서 녹여 쓰세요.
5. 오이에 밥을 얹어 돌돌 말아준다.
6. 오이롤 위에 크래미를 얹어준다.

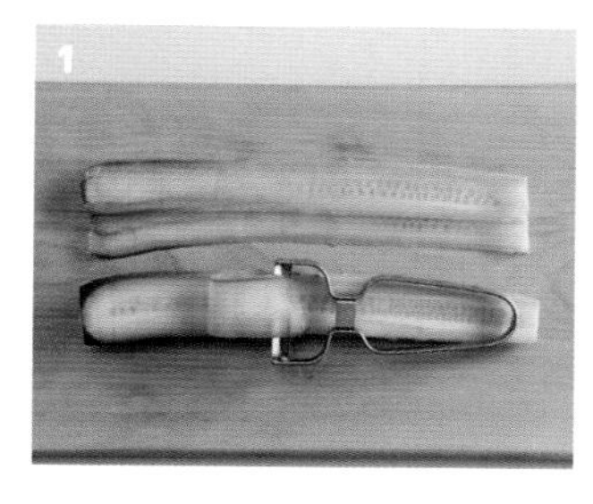

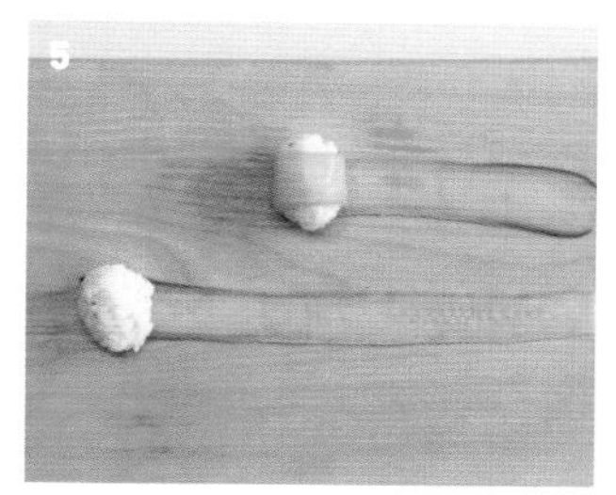

#동미밥상 인스타그램 속 살림템을 소개합니다~

촬영 도구

영상 촬영

캐논 200D 화이트바디, 40mm 단렌즈

입문자용 제품으로 비교적 조작도 쉽고 DSLR 중 가벼워서 사용하기 편해요. 카메라를 잘 모르는 제가 사용하기에도 조작이 쉽고 기능도 어렵지 않아요. WIFI 기능이 있어서 휴대폰으로 영상 및 사진을 바로 다운로드하여 언제든 편하게 편집할 수 있답니다.

영상 편집 앱

VLLO, 비바비디오

VLLO는 저렴한 연회비에 섬세한 편집이 가능한 앱이에요. 저는 요즘 VLLO를 이용해서 편집하고 있어요. 두 앱 모두 휴대폰으로 편리하게 편집할 수 있다는 게 제일 큰 장점이에요. 비바비디오는 초보자들이 사용하기 좋고, 특히 영상 자막 넣기가 편리해요. 연회비 결제 시 좀 더 다양한 기능을 이용할 수 있어요.

촬영용 삼각대

맨프로토 콤팩트 액션 소형 미러리스 카메라 삼각대

저는 집에서 주로 촬영하기 때문에 실내용으로 적합한 맨프로토 삼각대를 사용하고 있어요. 기본적으로 높낮이 조절이 용이하고, 카메라를 끼운 채로 각도를 조절하기도 편해요.

사진 촬영 및 보정

저는 주로 온 가족이 함께 밥을 먹는 저녁시간에 휴대폰으로 사진을 촬영해요. 아이폰X와 아이폰12 기종을 사용 중이고, 보정은 푸디(foodie) 앱을 이용하고 있어요. 과한 보정은 오히려 어색할 수도 있기 때문에 저녁시간 촬영 시 약간의 밝기 조절과 선명도를 조절해요. 필요한 경우, 필터는 맛있게(YU1번)로 색감을 보정한답니다.

주방 도구

우드 트레이

저는 우드 제품을 좋아해요. 특히 트레이를 좋아하는데, 제일 자주 사용하는 제품이 라르마 클로버트레이예요 밥, 국, 반찬, 디저트 접시까지 딱 맞는 사이즈라 아이들 밥상에도 알맞고요. 디테일이 섬세하고 여성스러운 라인의 제품들이 많아요. 간결하고 고급스러운 마감처리로 음식을 차렸을 때 그릇과 음식이

돋보이더라고요. 라르마 인스타그램에서 업로드 되는 제품들을 미리 체크해 두었다가 예약 주문으로 구입할 수 있어요.

인스타그램 @larma_wood

조리 도구

나무목은 제가 정말 애정하는 브랜드예요. 나무 본연의 느낌을 최대한 살린 친환경적인 조리 도구들이 멋스러워요. 캄포 도마, 뒤집개, 서빙 스푼, 요리 망치, 우드 수저 세트는 거의 매일 사용하고 있답니다. 아이디어 넘치는 감각적인 조리 도구들이 요리를 늘 즐겁게 해주네요. 멋진 쇼룸도 있으니 드라이브 삼아 구경 가보세요.

인스타그램 @namumok2900

주물팬

주물 제품은 시즈닝의 수고스러움만 익숙해지면 오래도록 건강하게 요리할 수 있는 장점이 있어요. 저는 우리나라 브랜드인 마미스팟을 주로 사용하는데요. 환경호르몬이 나오는 화학적인 코팅이 아니어서 친환경적이고요. 요리의 맛을 한층 업그레이드해줄 뿐 아니라 팬 채로 식탁에 올려도 근사하답니다.

인스타그램 @mommyspot_boutique @mommyspot_official

다용도 채칼

채칼이 있으면 요리 속도도 빨라지고, 훨씬 완성도 있는 요리를 할 수 있어요. 특히 볶음이나 튀김은 재료의 두께가 일정해야 골고루 익힐 수 있거든요. 저는 쿠페쉐프 제품인 이지컥 슬라이서를 사용하고 있어요. 슬라이스, 채썰기, 깍둑썰기까지 힘들이지 않고 쉽게 할 수 있고, 특히나 칼날이 손에 닿지 않아 안전해요.

http://elcuizen.com/

버너

요리 영상을 찍다 보니 배경을 최대한 깔끔하게 찍고 싶어서 버너를 사용하게 되었어요. 저는 인덕션을 사용하기 때문에 특히나 버너가 필요한 순간들이 많거든요. 제 영상 속 버너는 닥터하우스 트윙클 스토브 제품이에요. 바디도 안정적이고 트위스터 불꽃이라 화력도 좋아요. 화사한 핑크색이 예뻐서 자주 사용하고 있답니다.

인스타그램 @drhows.official

다지기

아이들 이유식 시작하면서부터 다지기를 사용했어요. 그땐 수동이었는데 지금은 전동으로 나와서 너무 편리하더라고요. 저는 미국 브랜드인 닌자차퍼(chopper)를 사용하는데 정말 여러모로 만족스러워요. 이유식은 물론, 볶음밥, 스무디, 베이킹, 퓌레에까지 활용도가 높아요.

잘라 쓰는 면포

제가 사용할 때 마다 문의가 많은 제품이에요. 찜기에도 유용하고, 두부 등의 물기를 짤 때도 유용해요. 필요한 만큼만 잘라 쓸 수 있고, 위생적으로 사용 가능해요. '잘라 쓰는 면포' 검색 후 온라인몰에서 구입 가능합니다.

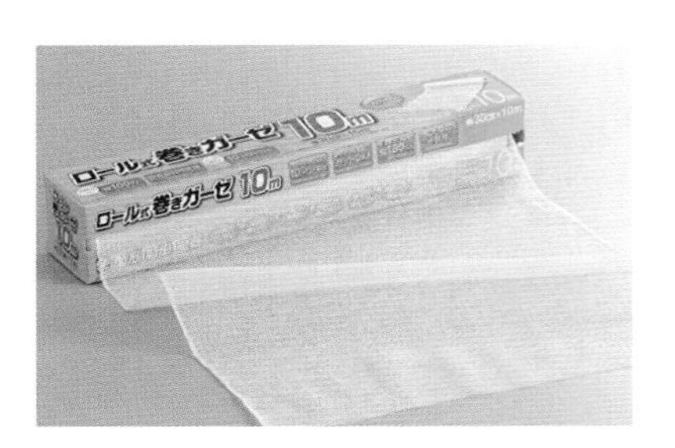

글래드매직랩

샌드위치 만들 때 정말 유용한 제품이에요. 한쪽 면이 끈끈이로 되어 있어서 용기를 밀봉할 때도 편리해요. 저는 아보카도나 레몬, 과일 등을 보관할 때도 하나씩 랩핑해서 보관하는데, 신선함이 훨씬 오랫동안 유지돼요. 대형 마트나 온라인몰에서 구입 가능합니다.

장보기

대형마트나 한살림을 이용하다가 요즘은 코로나의 영향으로 새벽배송을 주로 이용해요. 필요한 만큼만 주문해서 먹을 수 있으니 생활비도 절약되고 그때그때 신선한 재료를 받아볼 수 있네요. 저는 수입 식자재와 유명 맛집 음식은 주로 마켓컬리에서, 유기농 과일과 채소 특히 우유와 달걀, 아이들 간식은 오아시스에서 구매하고 있어요. 오아시스는 가격도 합리적이고, 제품들도 다 만족스러워서 추천 드려요. 친환경 포장도 마음에 들더라고요.

www.kurly.com, www.oasis.co.kr

에어프라이어

에어프라이어는 필수 주방용품인 것 같아요. 힘들게 튀기지 않아도 다이얼만 돌리면 쉽게 요리가 되니 더없이 편리하네요. 저는 쿠진아트 에어프라이어 오븐을 사용하고 있어요. 오븐, 토스트, 에어프라이어 등 원하는 용도로 조리 가능하고요. 디자인도 깔끔해서 어디에 두어도 공간 활용하기에 좋답니다. 대용량은 필립스 트윈터보스타 제품을 추천해요.

그릇

저는 요리하는 것도 좋아하지만 그릇도 좋아해요. 인스타그램 피드 속 상차림에 쓰인 그릇 문의가 많은데요. 한식, 양식 할 것 없이 두루두루 어울리는 그릇을 주로 사용해요.

화소반은 가볍고 디자인도 다양해서 어떤 음식, 어느 테이블에 매치해도 멋스러워요.

@h.soban

문도방은 깨끗하고 단조로운 매력이 있어 특별한 날 상차림으로도 고급스럽네요.

@moondobang

오덴세는 레고트 시리즈를 사용 중인데, 세련된 디자인과 색감이 마음에 들어요.
@odense_official

아토배기는 동글동글 귀여운 형태의 실용적인 그릇이 많아요.
@arto_ceramic

유기그릇은 오래두고 사용해도 유행타지 않고 우리의 멋이 느껴지는 그릇이에요. 깨질 염려도 없고, 유기 자체로도 여러 효능이 있어 좋네요.
놋담 제품 @notdam

스텐밧드

저는 법랑 트레이와 스텐밧드를 자주 사용해요. 소 · 중 · 대 세트로 구비해두면 채소나 육류 등 재료 손질할 때나 튀김 요리 시에도 유용해요. 이 책의 과정 사진에도 자주 등장하는 도구랍니다. 튀김망과 뚜껑이 함께 있는 것을 구입하시면 더 편리해요. 에어프라이어나 오븐에도 사용이 가능해서 활용도가 높답니다.
알텐바흐 제품